みんなの
M5 Stack
エムファイブスタック
入門

下島 健彦 著

リックテレコム

M5Stackで作ってみよう！

これがM5Stackだ！（p.2）

M5StickCもあるよ（p.223）

笑ったり、怒ったり（p.73）

画像を表示させよう（p.68）

Lチカをやってみよう（p.90）

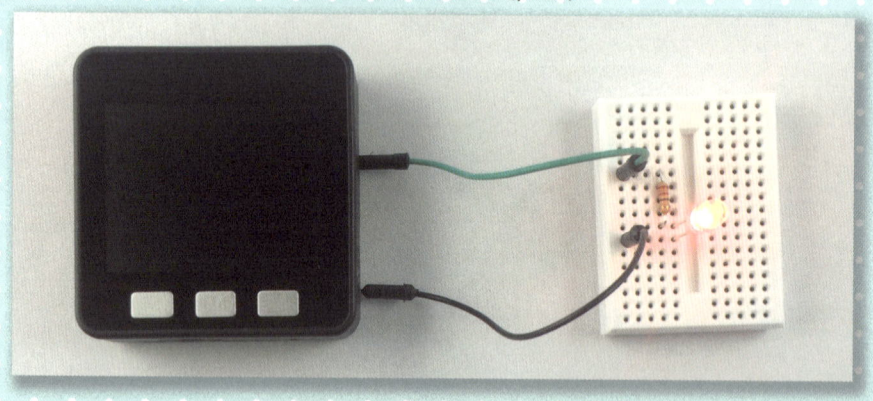

温湿度計を作ってみよう（p.143）

温度・湿度で熱中症対策！（p.113）

インターネットから時刻を取得してみよう（p.180）

Bluetoothを使ってみよう（p.205）

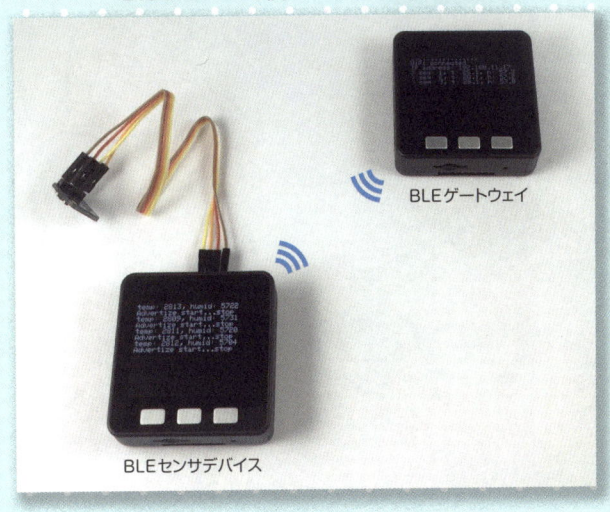

BLEゲートウェイ

BLEセンサデバイス

非接触温度センサで離れた物体の温度を計測する（p.172）

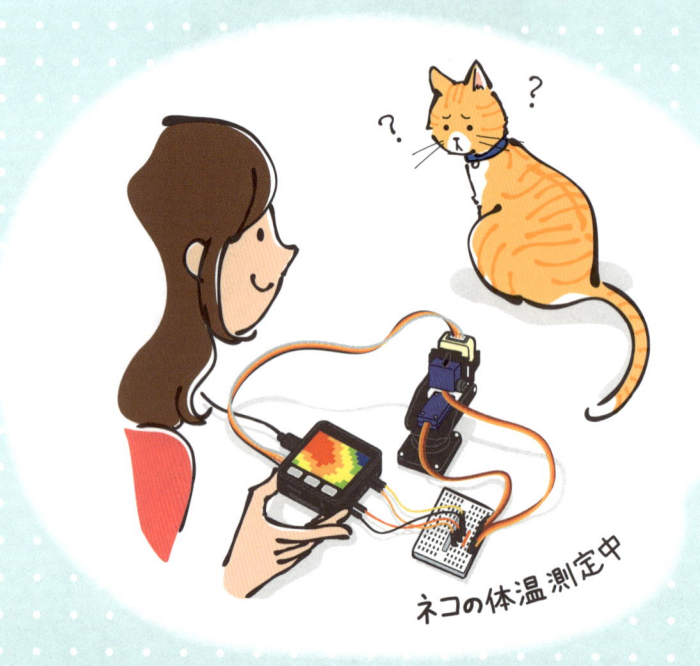

ネコの体温測定中

はじめに

　本書は M5Stack（エムファイブスタック）という小さなマイコン端末を使って、電子工作を始めるための本です。

　2005年に Arduino（アルドゥイーノ）というマイコンボードが誕生して、マイコンを使った電子工作はものすごく簡単に始められるようになりました。そして世界中のホビーイストや技術者が、生活を楽しくするもの、便利にするもの、仕事で使えそうなものなど、Arduino を使っていろいろなものを作り、インターネットで公開してきました。

　それから12年経った2017年に M5Stack という、とても強力で、でも扱いやすいマイコン端末が登場しました。詳しくは本文で見ていきますが、M5Stack は ESP32 という32ビットのパワフルなマイコンと液晶画面、ボタン、スピーカーなど、電子工作でよく使う部品が5cm角の小さなケースに収められています。温度、気圧、明るさなどを測るセンサも簡単につなげられ、パソコンにプログラム開発環境をインストールすると、すぐに電子工作が始められます。また、Wi-Fi や Bluetooth（ブルートゥース）という無線の通信環境も使えるので、インターネットに接続して IoT（Internet of Things）端末も作れます。このように、M5Stack はこれから電子工作や IoT を始めようとする人にとって、うってつけのマイコン端末です。

　M5Stack は初心者だけでなく世界中のホビーイストや技術者にもまたたく間に受け入れられ、楽しいもの、便利なものが続々と作られ、公開されています。日本でもユーザーグループが作られ、オンライン／オフラインのミーティングで、自分たちが作ったものを公開したり、情報交換したりしています。

　この本の読者としては、電子工作に興味があって、自分でも何か楽しいものや便利なものを作ってみたい、でも電子工作やプログラミングの経験はほとんどなく、何から始めたらよいか分からない、そういう人を想定しています。電子工作を始めるためにどんな道具や部品が必要か、どのようにプログラミングするのかを、簡単な事例から始めて、少しずつ解説していきます。

　この本に沿ってステップ・バイ・ステップで開発を進めれば、液晶画面に文字を書く、LED を光らせるといった簡単な事例を通じて、マイコンプログラミングの基礎を理解できます。さらに、センサを使って温度や湿度など外界の情報を扱ったり、サーボモーターと呼ばれる小さなモーターでモノを動かすことを学びます。最後にマイコンをインターネットにつなぎ、センサデータをクラウドサービスに送る IoT 端末を作り、IoT 端末の基本も学びます。

　興味さえあれば、誰でも自分のアイデアを具体的な形にして動かせる時代になりました。M5Stack は、それを助けてくれる強力な助っ人です。

　さあ、あなたも M5Stack を持って電子工作の世界に踏み出しましょう！

2019年9月

下島 健彦

刊行に寄せて

日本の皆さん、M5Stackの世界にようこそ！

　M5Stackはモジュール化された開発者キットであり、個人的な技術ソリューションに対する需要の高まりを満たすことを目指しています。世界中の多くの人たちが、この小さくて魅力的なM5Stackを使ってさまざまなアイデアを簡単に実現しています。今では、各種センサやアクチュエータとの接続も可能になり、拡張性に富んだマイコンモジュールになったと思います。

　本書の執筆者の下島氏は、日本におけるM5Stackの第一人者であり、コミュニティの中心人物でもあります。その彼が、M5Stackの基本から応用まで、やさしく丁寧に解説してくれました。本書をじっくり読めば、M5Stackを自由自在に扱うことができるようになることでしょう。

　あとは皆さんのアイデア次第です。様々なセンサからのデータを組み合わせた、なにかワクワクするようなプロダクト。ゲーム感覚で遊べるドキドキするようなプログラム。M5Stackを使えば、皆さんのそういったアイデアをいち早くカタチにできることでしょう。

　M5Stackを通じて、日本の多くの人々がエキサイティングな体験に出会うことを深圳から願っています。

2019年8月
M5Stack.com社　CEO
Jimmy Lai

Dear Japanese Readers,

Welcome to the M5Stack world!

M5Stack is a module kit for developers, designed to satisfy the rising demand for personal technical solutions. Many people around the world put their different ideas into this small and attractive M5Stack, easily turning imagination into reality. With connections to several types of sensors and actuators now being possible, M5Stack has become a highly scalable microcomputer module.

Takehiko Shimojima, the author of this book, is a leading M5Stack expert in Japan and important in the community. In this book, he offers plain and careful explanations on M5Stack from the basic to advanced levels. Japanese readers who read this book carefully will become able to handle M5Stack with perfect freedom.

What you create depends on your ideas: an exciting product that combines data from different sensors, a thrilling program allowing users to enjoy games and endless options. With M5Stack, you can promptly convert your ideas into reality.

From Shenzhen, I hope many Japanese people encounter exciting experiences through M5Stack.

August 2019

Jimmy Lai
CEO, M5Stack.com

本書で利用する部品について

本書で使っている部品のリストを下記の表に示します。なお、表中の単価は2019年10月時点の参考価格（税込）です。

	項番	部品名	個数	単位	主な購入先	コード番号	単価（円）	備考
2章	1	M5Stack Basic	1	個	スイッチサイエンス	M5STACK-BASIC	3,575	
4章	1	3mm白色LED 70°	1	個	秋月電子	OSW4YK3Z72A	20	
	2	カーボン抵抗 1/4W 220Ω	1	個	秋月電子	CF25J220RB	100	100本1セットです
	3	普通のジャンパワイヤ（オス〜オス）	1	セット	スイッチサイエンス	EIC-UL1007-MM-015	440	
	4	小さいブレッドボード（白）	1	個	スイッチサイエンス	EIC-1501-0	220	
	5	LM61BIZ 温度センサIC	1	個	スイッチサイエンス	TI-LM61BIZ	165	
	6	Si7021搭載 温湿度センサモジュール	1	個	スイッチサイエンス	ADA-3251	990	
	7	GROVE - 気圧センサ（BMP280）	1	個	スイッチサイエンス	SEEED-101020192	1,177	
5章	1	M5Stack Gray（9軸IMU搭載）	1	個	スイッチサイエンス	M5STACK-GRAY	4,290	
	2	M5Stack用非接触温度センサユニット	1	個	スイッチサイエンス	M5STACK-NCIR-UNIT	1,672	
	3	Pan/Tilt 機構作成キット	1	セット	スイッチサイエンス	SFE-ROB-14391	919	
	4	1×16 両方長いピンヘッダ	1	個	スイッチサイエンス	SSCI-019385	82	
7章	1	M5StickC	1	個	スイッチサイエンス	M5STACK-M5STICK-C	1,980	
	2	M5Stack用環境センサユニット	1	個	スイッチサイエンス	M5STACK-ENV-UNIT	451	
	3	M5StickC ENV Hat	1	個	スイッチサイエンス	M5STACK-ENV-HAT	550	
	4	M5StickC Speaker Hat	1	個	スイッチサイエンス	M5STACK-SPK-HAT	286	

■ 本書の連動キットについて

スイッチサイエンス社の協力を得て、本書の第4章までの内容をそのまま体験できる「みんなのM5Stack入門スタータキット」というキットを発売しております。

このキットには、次のようなものが含まれております。価格としては、7,000円前後になる予定です。

- M5Stack Gray…1個
- 3mm白色LED 70°…1個
- カーボン抵抗 1/4W 220Ω…1個
- 普通のジャンパワイヤ（オス〜オス）…1セット
- 小さいブレッドボード（白）…1個
- LM61BIZ 温度センサIC…1個
- Si7021搭載 温湿度センサモジュール…1個
- GROVE - 気圧センサ（BMP280）…1個

なお、本書の第4章まではM5Stack Basicの内容で説明していますが、本キットに含まれているM5Stack Grayは、動作としてはM5Stack Basicと同等になります。

購入については、次のサイトをご参照ください。

https://www.switch-science.com/catalog/5906

みんなの**M5Stack**入門

目次
CONTENTS

第 7 章　M5Stackシリーズのニューフェイス　M5StickC

コラム一覧

章扉イラスト：野口まゆみ

第 1 章

M5Stack って
どんなもの？

電子工作の世界では、例えば部屋の温度や明るさを調べてカーテンを自動的に開け閉めするとか、プランターの土の水分量を調べて自動的に水をやるなど、外界の状態を調べたり、外界を制御したりするときに、マイコンとセンサ、モーターなどを使います。

　電子工作用のマイコンとしては Arduino UNO（アルドゥイーノ・ウノ）や Raspberry Pi（ラズベリーパイ）がよく使われていますが、2017年にとても強力で、でも扱いやすいマイコン端末が誕生しました。それがこの本で解説する M5Stack（エムファイブスタック）です。

　本章では、まず M5Stack の特徴、M5Stack の中身、センサなどのユニット、そしてプログラムの開発環境について見ていきます。

1.1　M5Stackとは

　M5Stack はマイコンと液晶画面、ボタン、スピーカーなど、電子工作する上で必要になる部品が、5cm×5cmの小さなケースに入ったマイコン端末です。

図 1.1　M5Stack

　M5Stack は**コア**と呼ばれる本体部分と、積み重ねて機能拡張できる**拡張モジュール**で作られています。また、M5Stack に接続できるセンサなどのユニットも提供されています（**図1.2**）。本体部分のコアは、基本モデルの Basic であれば、この原稿を書いている時点で3,575円で購入できます。

1

図1.2　M5Stack コア、拡張モジュール、センサユニット

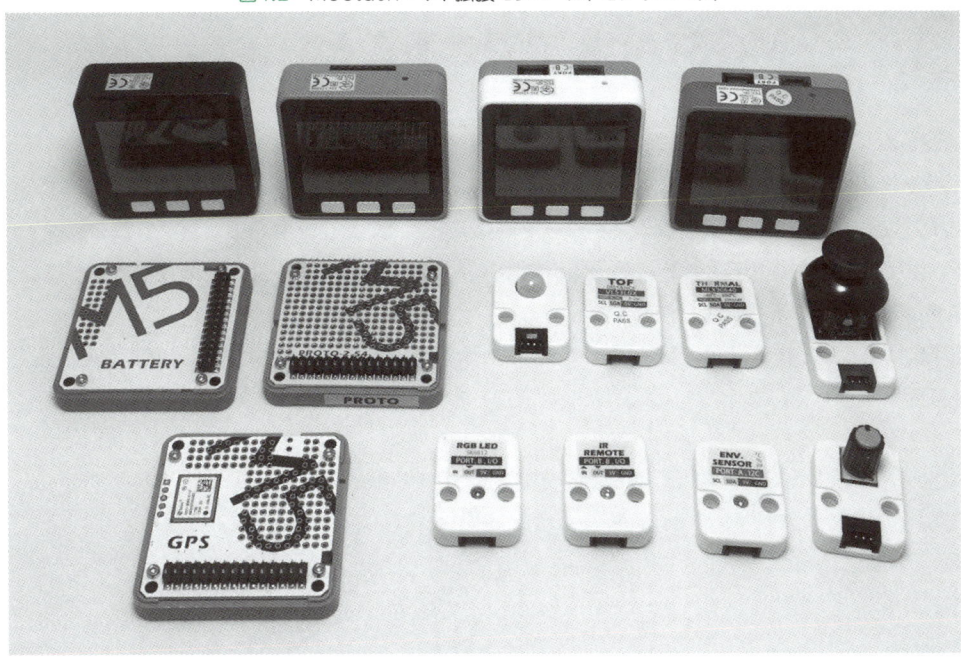

　図1.2 の写真上部に並んだ4つの四角い箱が**M5Stack コア**です。左手前にある3つの四角いもの が拡張モジュール、右手前にある8つの白い小さな箱がセンサユニットです。

　M5Stackで液晶画面やボタン、センサなどを制御するプログラムは、パソコン上で開発します。 USBケーブルでパソコンとM5Stackをつなぎ、M5Stackのマイコンにプログラムを書き込んで動か します。

　M5Stackという名前は「5cm角（M5）で積み重ねられる（Stackable）モジュール（Module）」から つけられました。

 **M5Stackでできること**

　M5Stackには温度センサ、明るさセンサ、加速度センサ、GPSなどのいろいろなセンサや、LED、サーボモーターなどをつなげることができます。そして、パソコンでプログラムを開発してM5Stackのマイコンに書き込めば、これらのデバイスを制御できます。プログラムでセンサなどを制御することで、温度、湿度を調べてそれを液晶画面に表示する温湿度計や、熱中症の危険度を計算して、それをブザーで知らせるデバイスも作れます。

　図1.3は第5章で作る温湿度計の例です。M5Stackに温湿度センサをつなぎ、温度と湿度を測って、液晶画面に表示しています。

図1.3　M5Stackと温湿度センサを使った温湿度計

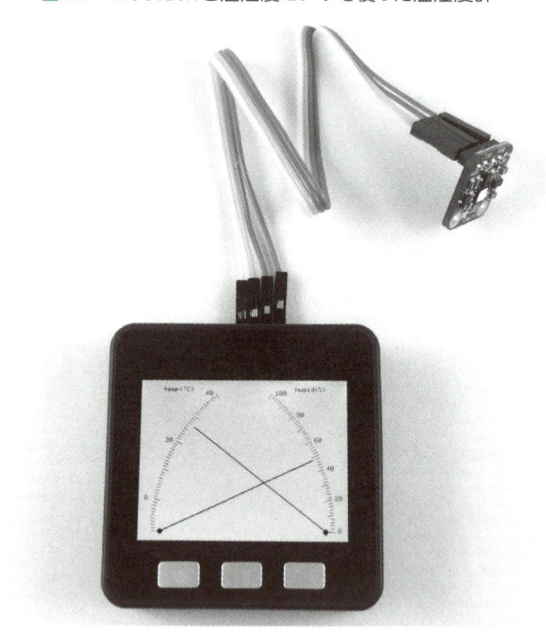

　M5Stackで使われているマイコンはWi-FiとBluetooth（ブルートゥース）の通信機能を内蔵しているので、センサでいろいろなものを調べてクラウドサービスに送信するIoTデバイスも作れます。

　作りたいデバイスのアイデアが浮かんだら、M5Stackにセンサ類をつなぎ、プログラムを作って制御することで、そのアイデアを具体化できます。アイデアを最初に具体化したものを**プロトタイプ**といいます。M5Stackのマイコンには何回でもプログラムを書き込めるので、プロトタイプを実際に動かして、動作を確認しながら、改善点があれば回路やプログラムを直し、よりよいものにしていくこともできます。

図1.4 M5Stackの概要

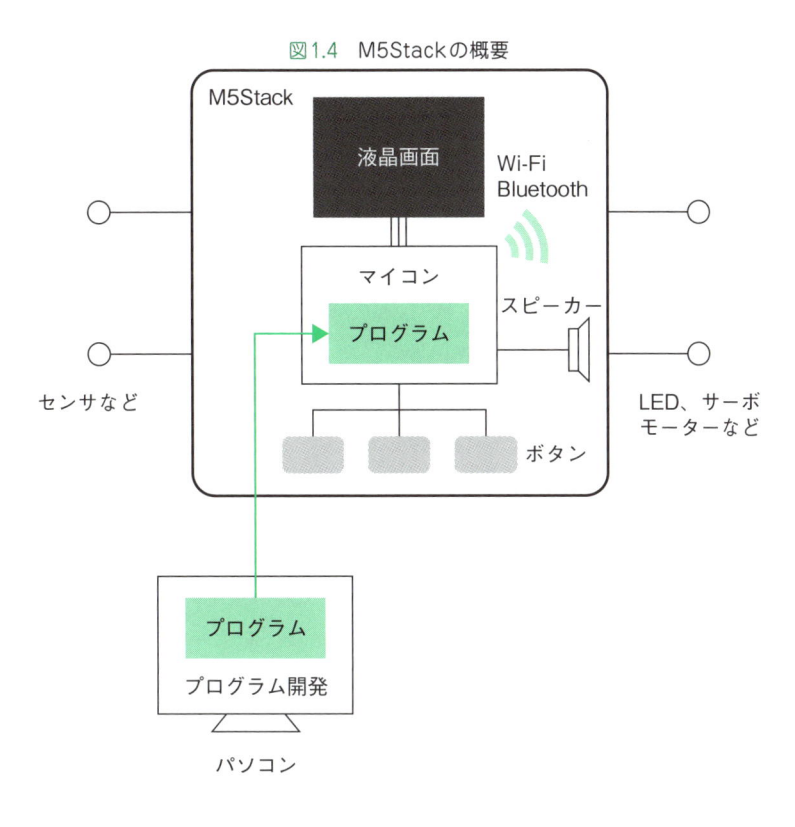

1.3 M5Stackコア

M5Stackの本体部分であるコアには **Basic**、**Gray**、**M5GO**、**Fire** というシリーズがあります。**図1.2** の写真上部の左から Basic、Gray、M5GO、Fire です。まずシリーズの基本モデルである Basic を例に、コアの外観と中身を見ていきましょう。

（1）M5Stack Basic の外観と中身

図1.5 が M5Stack Basic の外観と中身です。

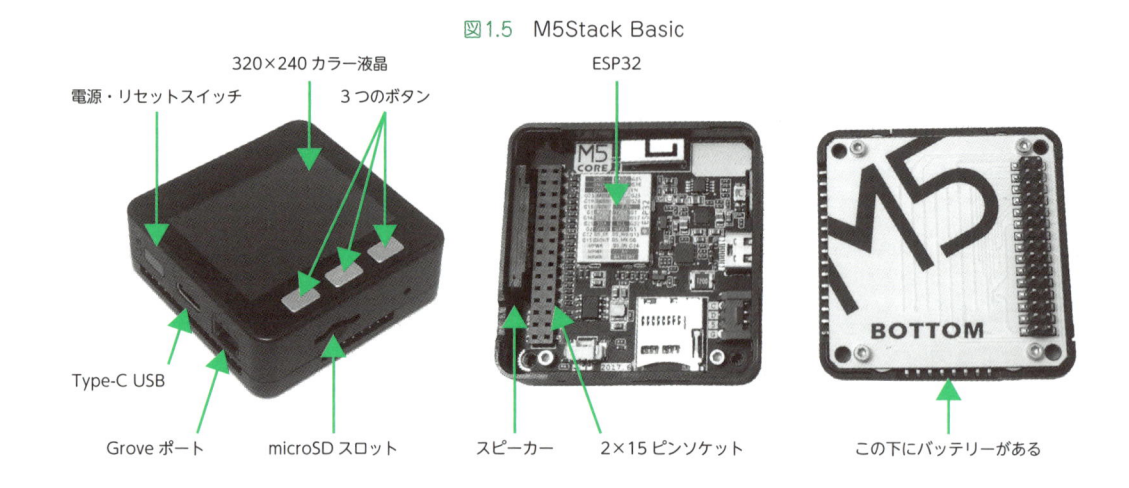

図1.5　M5Stack Basic

電源・リセットスイッチ

320×240 カラー液晶

3 つのボタン

ESP32

Type-C USB

Grove ポート

microSD スロット

スピーカー

2×15 ピンソケット

この下にバッテリーがある

　本体は縦54mm、横54mm、厚さ17mm、重さ120gです。前面に320×240ピクセルのカラー液晶（LCD）とボタンが3つついています。側面には電源・リセット兼用の赤いボタン、Type-CのUSBソケット、センサユニットをつなぐGroveというポート、microSDカードスロットがあります。また、BasicとGrayは、底面に近いところにセンサなどをつなげられるピンとソケットが配置されています（**図1.6左**）。M5GOとFireは、この部分がピンとソケットの代わりにLEDバーとGroveポートになっています（**図1.6右**）。

図1.6　BasicとFireの裏面

ソケット

ピン

Grove ポート

LED バー

　ケースの中を見ると、M5Stackに搭載された32ビットマイコンESP32、スピーカー、2×15のピン・ソケットがあります。このピン・ソケットは拡張モジュールと通信するものです。

　BOTTOMと書かれたモジュールには150mAhのバッテリーが入っています。

(2) コア・シリーズ

　M5Stack のコアには、Basic、Gray、Fire と、M5GO IoT スターターキットの本体として使われている M5GO があります。この4つの主なスペックを **表1.1** にまとめました。

表1.1　M5Stack コアの主なスペック

	Basic	Gray	M5GO	Fire
MPU	ESP32 240MHz デュアルコア、520KB SRAM			
通信	Wi-Fi、Bluetooth			
フラッシュメモリ	4MB	16MB		
PSRAM	なし			4MB
LCD	320 x 240 ピクセル カラー TFT			
インタフェース	USB Type-C GROVE (I²C) microSD スロット I/O PORT、BUS PORT		USB Type-C GROVE (I²C、I/O、UART) microSD スロット LED BAR	
IMU 慣性計測ユニット	なし	MPU9250 or MPU6886 9軸(加速度、ジャイロ、磁気)センサ		
バッテリー	150mAh			550mAh
ボタン	ボタン×3、リセット兼電源ボタン			
内蔵スピーカー	1W			
サイズ	54×54×12.5 mm			

　4つのコアとも、使われているマイコン（MPU: Micro Processor Unit）は **ESP32** というデュアルコア32ビットのマイコンで、CPUクロック240MHz、520kBのSRAMメモリが載っています。SRAM はプログラムのデータが置かれるメモリです。

　ESP32 はマイコンにWi-FiとBluetoothの通信機能を内蔵していて、この2つの方式で通信することができます。

　フラッシュメモリはプログラムが置かれるメモリで、Basicは4MB、GrayとM5GO、Fireは16MBの容量があります。さらにFireにはプログラムデータ領域として使えるPSRAMという4MBのメモリがあります。

　Type-C USB はパソコンとつないでプログラムをアップロードしたり、電源を供給したりするのに使います。

　センサユニットをつなぐGroveポートはBasicとGrayには1つ、M5GOとFireには3種類（1つずつ）ついています。

　Basic以外のコアには、9軸の**加速度センサ**、**ジャイロセンサ**、**磁気センサ**が搭載されています。9軸というのはx軸、y軸、z軸3方向の加速度センサと、同じく3方向のジャイロセンサ、磁気センサで合わせて9軸ということです。

(3) ESP32とは

　M5Stackに搭載されているのは、中国のEspressif Systems社が開発したESP32というデュアルコア32ビットのマイコンです。デュアルコアというのは2つのプログラムを同時に実行できる機能で、それだけ処理速度が速くなります。

　ESP32はWi-FiとBluetoothの通信機能を内蔵しています。ESP32だけでWi-FiとBluetoothを使った無線通信ができるので、インターネットにつなぐIoTデバイスを簡単に作れるのが特徴の1つです。

　またESP32には、センサやサーボモーターなどのデバイスを制御するさまざまな通信方法が用意されています。デバイス制御に適したマイコンであることも、もう1つの特徴です。

図1.7　ESP32

　このようにESP32はセンサやモーターなどのデバイス制御と無線通信が得意なことから、電子工作やIoTデバイスを作るときによく使われるようになりました。

(4) M5StackとArduino UNOを比べると

　電子工作をするときによく使われる、M5StackとArduino UNOを比べてみましょう。

図1.8　M5StackとArduino UNO

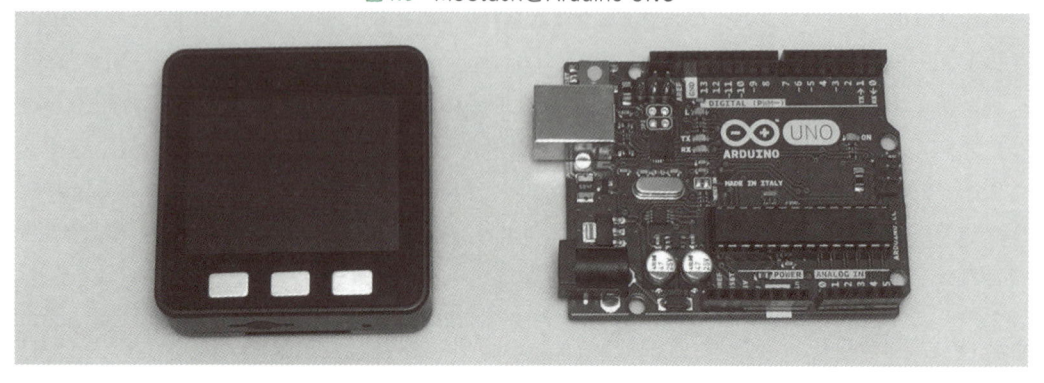

表1.2　M5StackとArduino UNOの比較

	M5Stack	Arduino UNO
MPU	ESP32 デュアルコア32ビット、240MHz	ATmega328P 8ビット、16MHz
SRAM	520KB	2KB
フラッシュメモリ	4MB	32KB
通信	Wi-Fi、Bluetooth	—※
LCD	320×240 カラー液晶	—※
バッテリー	150mAh	—※
スピーカー	1W	—※
インタフェース	GPIO UART SPI I²C I²S PWM ADC DAC	GPIO UART SPI I²C PWM ADC
プログラミング言語	Arduino/C++ MicroPython Blockly	Arduino/C++

※シールドと呼ばれるボードを追加することで、可能

　ひと目見て分かる大きな違いは、M5Stackがケースに入っているのに対して、Arduino UNOはボードで販売されている点です。Arduino UNO用のケースは販売されていますし、自分の好きなケースに入れることもできますが、初めからケースに入っているM5Stackは扱いやすくて便利です。

　M5StackとArduino UNOの一番の違いはマイコンです。M5Stackにはデュアルコア32ビット240MHzのマイコンが搭載されているのに対し、Arduino UNOに搭載されているのはシングルコア8ビット16MHzのマイコンです。これは処理速度の差になって現れ、特にArduino UNOは小数点のある数値（float型）の計算が遅いです。温度などは普通23.5℃というように小数点のある数値で表すので、この数値の計算が遅いのはIoTデバイスを作るときには不利です。

　また、プログラムを配置するフラッシュメモリもM5Stackの4MBに対してArduino UNOは32KB、プログラムのデータを配置するSRAMもM5Stackの520KBに対してArduino UNOは2KBしかなく、少し複雑なプログラムを書こうとするとArduino UNOではメモリ不足で動かなくなってしまいます。

　Wi-FiとBluetoothの通信機能が搭載されているのもM5Stackのメリットです。Arduino UNOの場合はボードを追加することで通信機能を付加することもできますが、追加するボードに合わせてそれを制御するライブラリを選ばなくてはならず、プログラム開発はやや複雑になります。

　M5StackとArduino UNOはどちらも電子工作でよく使われますが、これから電子工作を始めるならESP32マイコンを搭載したM5Stackがお薦めです。

1.4 拡張モジュール

　拡張モジュールは、M5Stackのコアに積み重ねて機能を拡張できるモジュールです。原稿執筆時点（2019年8月）で日本国内で販売されている拡張モジュールには、次のものがあります。

- GPSモジュール：GPS機能モジュール
- 電池モジュール：850mAhの電池
- LANモジュール：有線LAN接続ができるモジュール
- PLCモジュール：工場の機械などを制御するモジュール
- PLUSエンコーダモジュール：Groveポート、赤外線トランスミッターなどが搭載されたモジュール
- プロトモジュール：好きな部品を載せて独自の拡張モジュールが作れる
- Commuモジュール：I²C/RS485などで通信するモジュール

　拡張モジュールは**図1.9**のようにコアとボトムモジュールに挟んで使います。

図1.9　プロトモジュールを挟んだ例

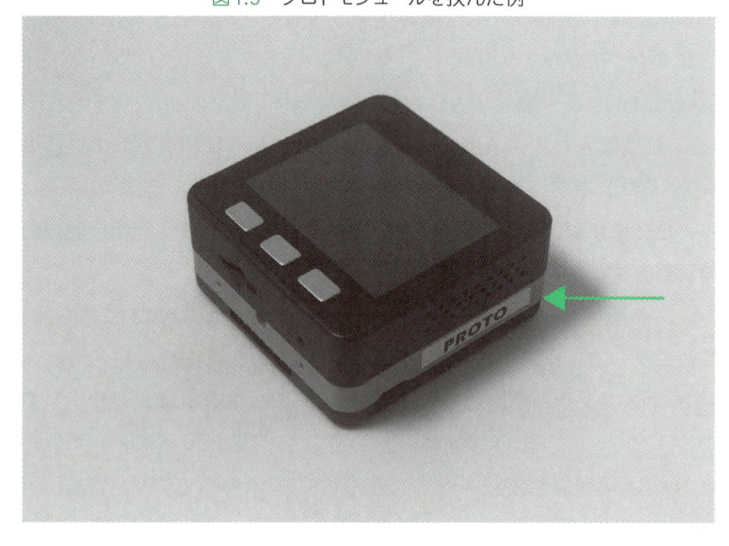

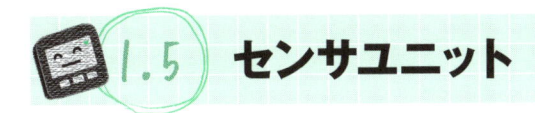

センサユニット

M5Stackには**Grove**（グローブ）というコネクタで接続できるセンサやサーボモーターなどのユニットがあります（**図1.2** 参照）。

Groveはマイコンとセンサなどをつなぐ規格で、Seeed Studioという会社が作りました。Seeed Studio社からは温度センサ、明るさセンサなど、200種類以上のセンサ類が提供されています。

M5Stackのセンサユニットは Grove規格に合わせてM5Stack社が独自に開発したもので、日本国内では光センサ、土壌水分センサ、距離センサ、非接触温度センサ、サーマルカメラなどが販売されています。

図1.10 センサユニットをGroveポートにつないだところ

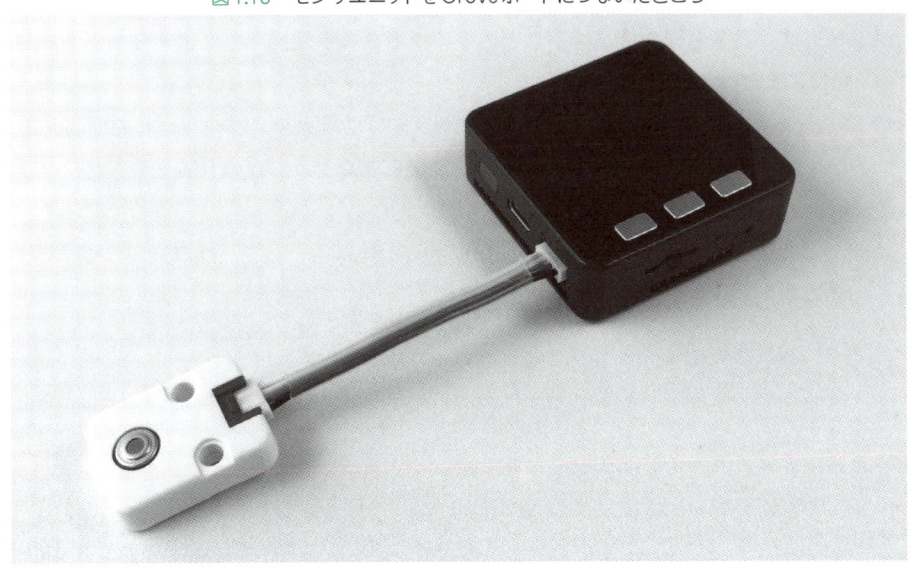

Groveポートには、M5Stack社が開発したもの以外に、Seeed Studio社のGroveセンサをつないで使うこともできます。

1.6 プログラム開発

M5Stackはパソコンでプログラムを開発して、M5Stackのマイコンに書き込んで動かします。M5Stackで動くプログラミング言語にはArduino、MicroPython、ビジュアルプログラミング言語Blocklyがあります。

Arduinoはボードマイコンとプログラミング言語、プログラム開発環境を合わせたシステム全体の名称です。Arduino開発環境では、基本モデルであるArduino UNO以外のマイコンを制御するプログラムも作ることができ、M5Stack向けのプログラムも作れます。このArduino開発環境はWindows、macOS、Linuxで動作します。

プログラミング言語と開発環境としてのArduinoは、分かりやすく、公開されているライブラリや作例も多いので、この本ではArduinoを使ってプログラムを開発していきます。

MicroPythonは、画像処理や機械学習などのプログラミング言語としてよく使われるPythonを、マイコンで動作するように最適化した言語です。

BlocklyはGoogleで開発されたビジュアルプログラミング言語で、ブロック状の部品を組み合わせてプログラムを作っていきます。分かりやすく、簡単にプログラムが作れるため、プログラミング入門の学習用途などで使われます。

M5Stackでは、MicroPythonとBlocklyのプログラム開発環境として、**UIFlow**というWebブラウザを使った開発環境が提供されています。

図1.11　UIFlow

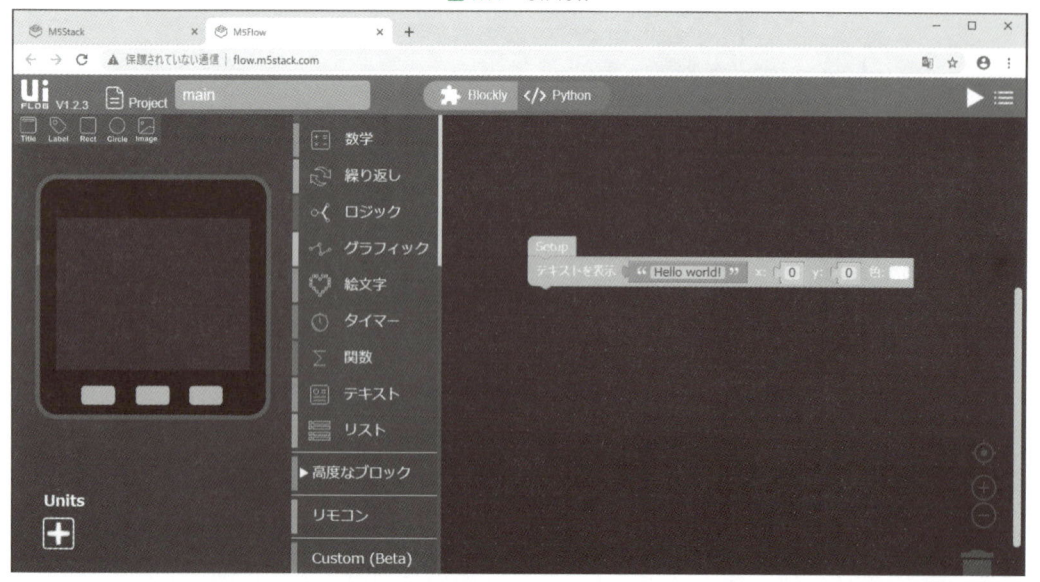

1.7 まとめ

第1章ではM5Stackがどんなものか、何ができるのか、拡張モジュールやセンサにどんなものがあるのか、どんなプログラミング言語が使えるのかを見てきました。

第2章ではパソコンにプログラム開発環境を用意して、M5Stackで動く最初のプログラムを作ります。

コラム

M5Stackを作っている人たち

M5Stackは中国のシリコンバレーと呼ばれる深圳（しんせん）市にあるM5Stack.comという会社で開発・製造されています。2017年に最初の製品であるM5Stack Basicを出荷し、その後も本章で解説したM5Stackコアシリーズや拡張モジュール、センサ、プログラム開発環境などの開発、販売を進めています。

CEOのJimmy Laiさんはとても気さくな人で、Facebookにある日本のM5Stackユーザーグループ（https://ja-jp.facebook.com/groups/154504605228235/）でも新製品の情報発信やユーザーからの問い合わせ対応など、CEO自ら積極的におこなっています。

図1.12　CEOのJimmyさん（右）と筆者

M5Stack.com社は最初はベンチャー投資会社のインキュベーションオフィスで活動していましたが、2019年3月に社員数が40名を越えて最初のオフィスが手狭になったため、同じ深圳市にある独自のオフィスに移転し、今も拡大を続けています。**図1.13**は新オフィスのオープニングセレモニーの様子です。

図1.13　新オフィスのオープニングセレモニー

　社員の皆さんも若く、楽しそうに仕事をしています。これからも面白い新製品が続々と開発、販売されていきそうです。

第 **2** 章

M5Stackを
動かしてみよう

第1章ではM5Stackがどんなものか、何ができるのかなど、M5Stackの概要を見ました。本章では M5Stackの基本モデルであるBasicを使い、パソコンにプログラム開発環境をインストールして、 M5Stackで最初のプログラムを動かします。

 ## 2.1 まずは開封の儀から

M5Stackはスイッチサイエンス社の通販サイト（`https://www.switch-science.com/`）で購入 できます。スイッチサイエンス社のサイトは電子工作で使う部品などを数多く扱っており、M5Stack 以外にもいろいろなデバイスやセンサなどがあって便利です。センサなどの探し方は第4章で解説し ます。

M5Stack Basicを購入すると、**図2.1**のようなパッケージに入ったものが届きます。

図2.1　パッケージに入ったM5Stack

パッケージの中には次のものが入っています。

- M5Stack Basic（コア＋ボトム）
- 10芯プロトワイヤ
- Type-C USBケーブル
- マニュアル
- ステッカー

図2.2 パッケージの中身

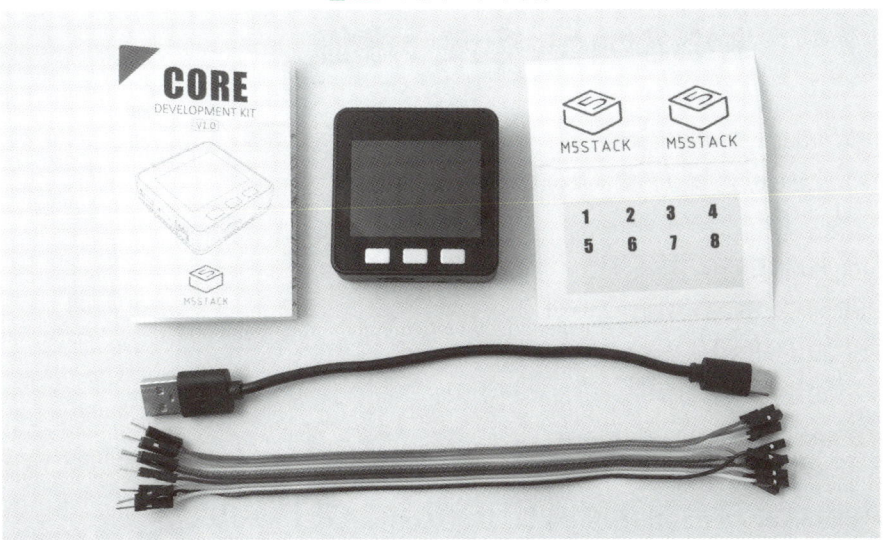

M5Stack Basic本体は**コア**と**ボトム**が接続された状態でパッケージに入っています。コア右下の「M5」と刻印された部分の下の隙間にマイナスドライバなどを差し込んで少しずつひねると、コアとボトムを外せます。ただしボトムは厚みが薄く特に壊れやすいので、外す場合は慎重に作業してください。

図2.3 M5Stackのコアとボトム

「M5」の刻印の下の隙間にマイナスドライバなどを
差し込んでひねると外せる

10芯プロトワイヤは、M5Stackとセンサやブレッドボードなどをつなぐときに使います。

Type-C USBケーブルはM5Stackとパソコンをつなぎ、M5Stackに電源を供給するとともに、パソコンで開発したプログラムをM5Stackに書き込んだり、M5Stackで動くプログラムからパソコンに文字を出力したりといった通信をするのに使います。

2.2 M5Stackを使う準備

本書ではArduinoでM5Stackのプログラムを開発します。その準備として、パソコンにArduinoの開発環境を設定します。環境設定は次の流れでおこないます。

1 Arduino IDEのインストール
2 USBシリアルドライバのインストール
3 ESP32ボードマネージャのインストール
4 ボードの設定
5 M5Stackライブラリのインストール

(1) Arduino統合開発環境(IDE)のインストール

Arduino統合開発環境(IDE:Integrated Development Environment)は、

- プログラムを書く**エディタ**
- プログラムをマイコンが実行できる形式(実行形式)に変換する**コンパイラ**
- プログラムをマイコンにアップロードする**アップローダ**
- ライブラリを管理する**ライブラリマネージャ**
- マイコンボードの情報を管理する**ボードマネージャ**

などがまとめられたアプリケーションです(**図2.4**)。

図2.4 Arduino IDEの機能

エディタ	コンパイラ
ライブラリ マネージャ	ボード マネージャ

| シリアル
プロッタ | シリアル
モニタ | アップ
ローダ |

Arduino IDE

　Arduino IDE は Windows、macOS、Linux のどれでも動作します。本書では Windows 10 へのインストール手順を解説します。また、ブラウザとしては Google Chrome を例として解説するので、あらかじめパソコンに Chrome をインストールしておくとよいでしょう。

　ブラウザで Arduino 公式サイトのダウンロードページ（`https://www.arduino.cc/en/Main/Software`）にアクセスします（**図2.5**）。

図 2.5　Arduino ダウンロードページ

　このページで「Windows installer, for Windows XP and up」をクリックすると、寄付を促すページが表示されます。寄付する場合は「CONTRIBUTE & DOWNLOAD」を、そうでなければ「JUST DOWNLOAD」をクリックします。すると、ダウンロードフォルダに arduino-1.8.9-windows.exe というインストーラがダウンロードされます。なお、1.8.9 の部分はバージョンによって変わります。最新バージョンをダウンロードするようにしましょう。

　ダウンロードしたインストーラを起動し、画面に従って、ライセンス契約に同意します。オプションの選択（**図2.6**）やインストール先の選択については、初期値のまま進めて大丈夫です。インストールを開始すると、いくつかのドライバについて「このデバイス ソフトウェアをインストールしますか？」という画面が表示されることがありますが、「インストール」を選択してください。しばらくするとインストールが完了します。

図2.6　オプションは初期値のままで

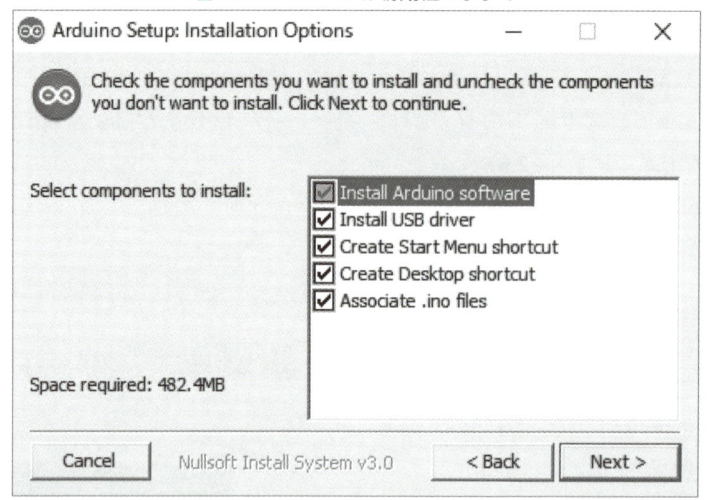

デスクトップに**図2.7**のようなArduinoのデスクトップアイコンが作られるので、それをクリックしてArduino IDEを起動します。

図2.7　Arduino IDEデスクトップアイコン

図2.8がArduino IDEの画面です。真ん中のエリアがプログラム（Arduinoではプログラムのことを**スケッチ**と呼びます）を書く**エディタ領域**です。エディタ領域の左上に**スケッチ名**が表示され、その上にいくつかのボタンが並んだ**ツールバー**があります。

エディタ領域の下の緑のエリアは**ステータス領域**です。「スケッチをコンパイルしています」「ボードへの書き込みが完了しました」など、Arduino IDEの状態が表示されます。その下にビルド時やアップロード時の結果が表示される**コンソール領域**があります。

図2.8　Arduino IDEの画面

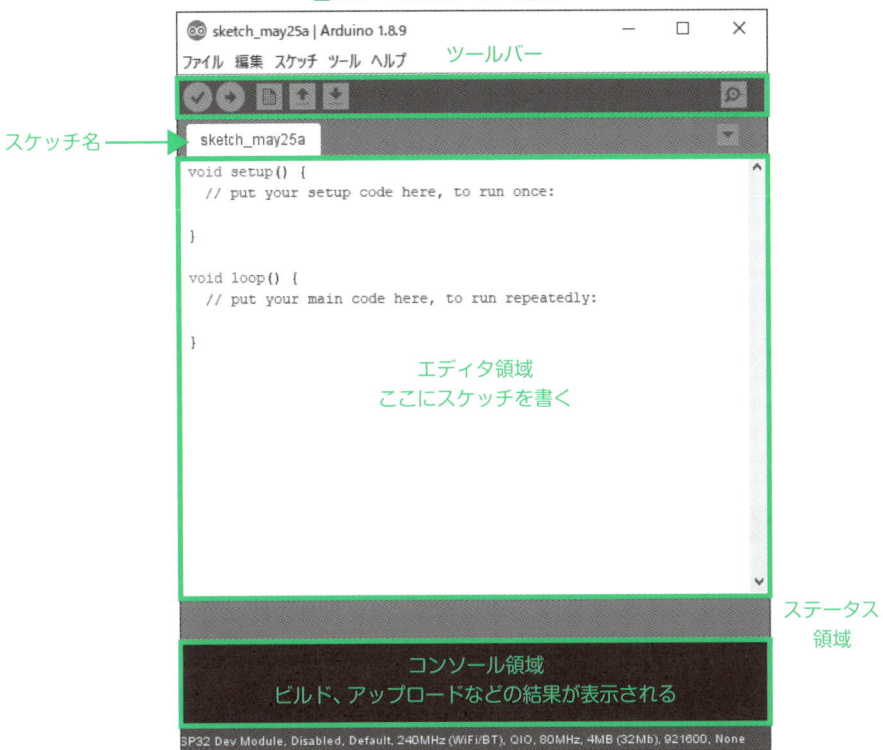

ツールバー（**図2.9**）には、左からスケッチを検証する（ビルドだけする）ボタン、ビルドしてマイコンボードに書き込む（アップロードする）ボタン、新規ファイルを作るボタン、スケッチフォルダからファイルを開くボタン、スケッチを保存するボタンがあります。

右端にはスケッチからの出力が表示されるシリアルモニタを起動するボタンがあります。

図2.9　Arduino IDEツールバー

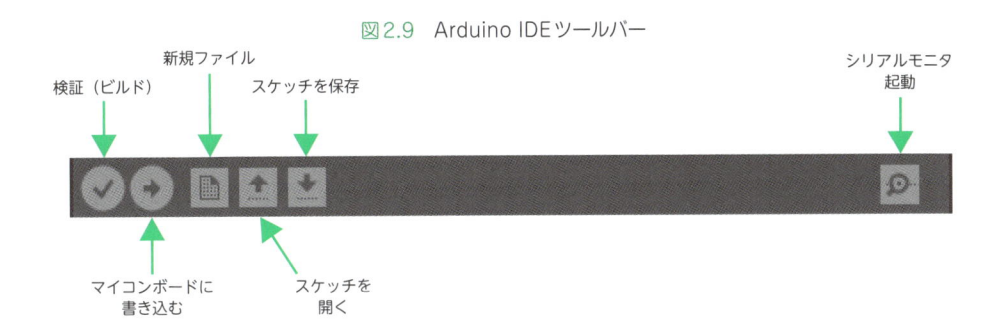

Arduino IDEでスケッチを作って、マイコンで動かす流れは、**図2.10**のようになります。Arduino IDEのエディタでスケッチを書きます。できあがったスケッチは、人間が読めるテキスト形式のファイルで、ファイルの拡張子は .ino です。この、テキスト形式のファイルを、マイコンが実行できる形式（実行形式といいます）のファイルに変換し、実行形式のファイルをマイコンに書き込んで実行します。

テキスト形式のファイルを実行形式のファイルに変換することを「コンパイル」する、または「**ビルド**」するといいます。ツールバーの左側の「検証する」ボタンは、ビルドだけをおこない、左から2番目の「マイコンボードに書き込む」ボタンは、ビルドしてマイコンボードに書き込みます。

図2.10　Arduino IDEでスケッチを動かす流れ

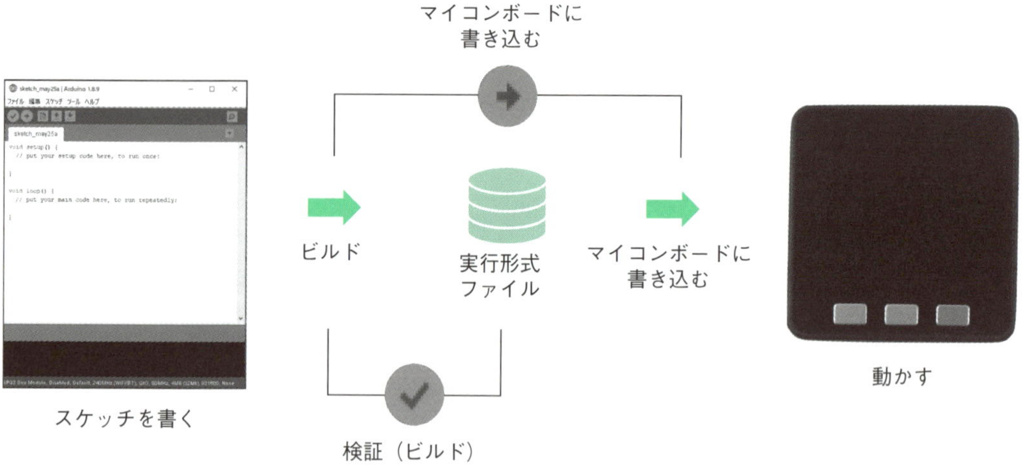

これでArduino IDEのインストールは完了です。

(2) USBシリアルドライバのインストール

M5Stack公式サイトの「Related Documents」の中の「Arduino IDE Development」（`https://docs.m5stack.com/#/en/related_documents/Arduino_IDE`）にアクセスします。

図2.11 「シリアル接続の確立方法」

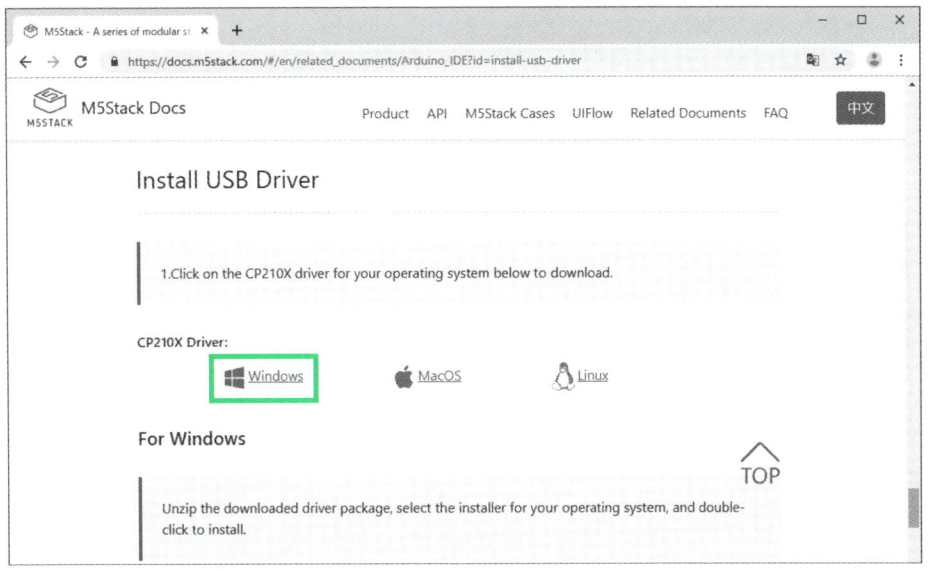

このページの「Install USB Driver」（`https://docs.m5stack.com/#/en/related_documents/`
`Arduino_IDE?id=install-usb-driver`）を選択し、ジャンプした先で「Windows」用のUSBドライ
バをクリックし、ドライバをダウンロードしてください。

図2.12　USBシリアルドライバのダウンロード

ZIPファイルがダウンロードされるので、それを展開し、64ビット用のインストーラ
（CP210xVCPInstaller_x64）をクリックして、USBシリアルドライバをインストールします。

図2.13　USBシリアルドライバのインストーラ起動

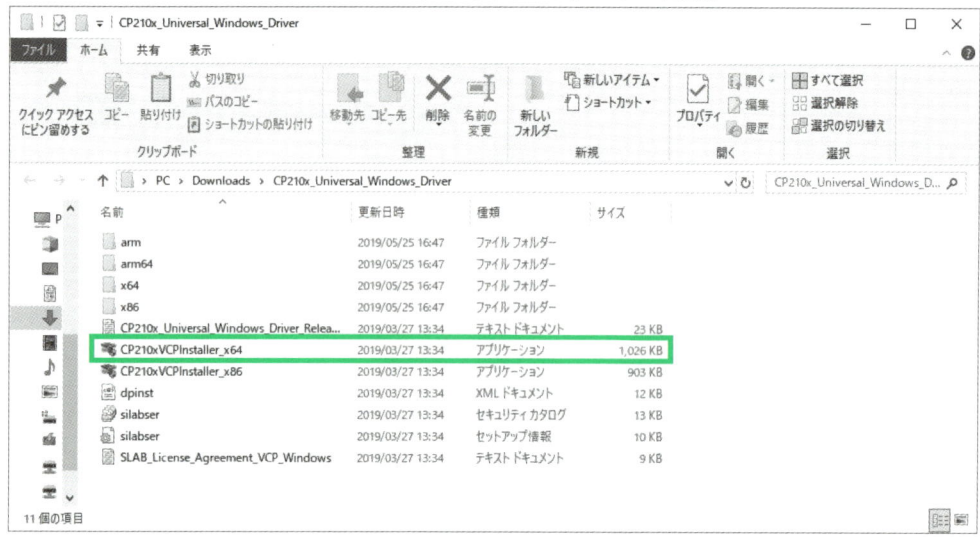

インストールが完了したら、M5Stackに同梱されているType-C USBケーブルでM5Stackとパソコンをつなぎます。Windowsの設定から「デバイス」を選択すると、**図2.14**のようにインストールしたドライバが表示され、ポート番号を確認できます。**図2.14**ではCOM7になっています。

図2.14　ポート番号の確認

これでUSBシリアルドライバのインストールは完了です。

(3) ESP32ボードマネージャのインストール

Arduino IDEは、いろいろなマイコンボード用のプログラムを開発できる汎用の開発環境です。そのため、プログラムをビルドするときには開発する対象のボードを指定する必要があります。ダウンロードした直後のArduino IDEにはM5Stackで使われているESP32の情報が登録されていないので、情報を追加します。

Arduino IDEの「ファイル」メニューの「環境設定」をクリックすると、**図2.15**のような環境設定画面が現れます。

図2.15　環境設定画面

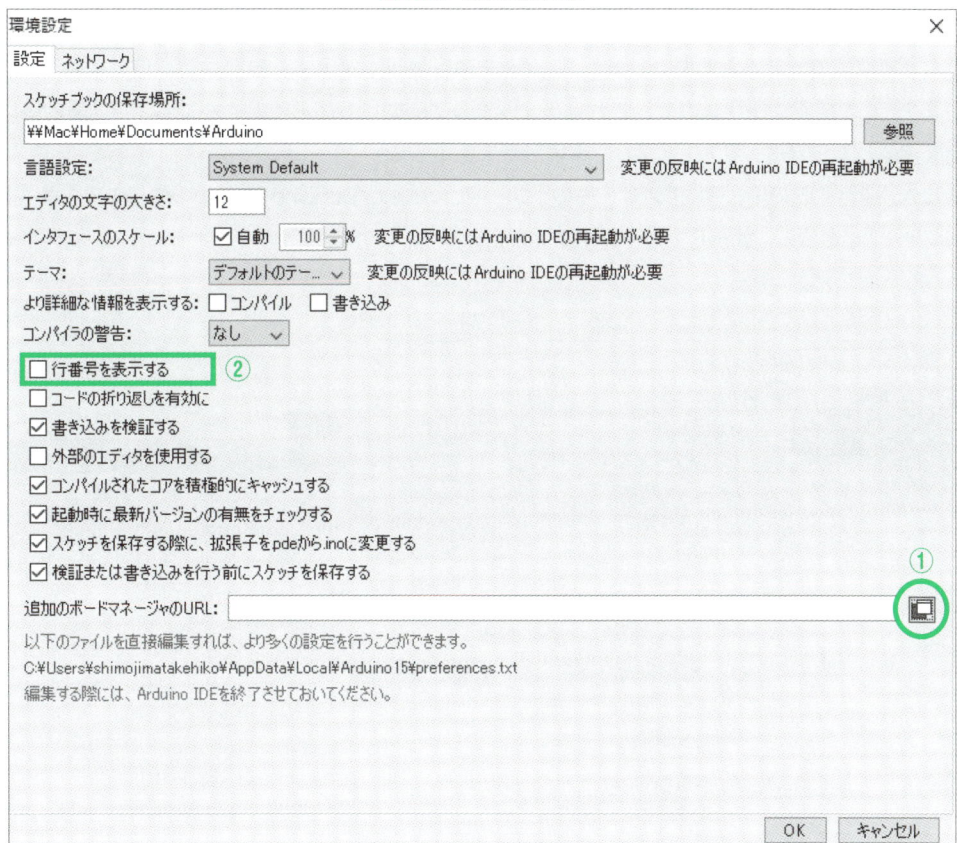

「追加のボードマネージャのURL」の右側のアイコン（**図2.15**①）をクリックし、次のURLを入力して「OK」をクリックします。

```
https://dl.espressif.com/dl/package_esp32_index.json
```

図2.16　ボードマネージャのURLの追加

環境設定画面ではスケッチの保存場所やエディタの文字サイズなどをカスタマイズできますが、ほとんど初期値のままで大丈夫でしょう。スケッチの行番号を表示する機能は初期値ではオフになっています。この機能は便利なので、これはチェックして有効にしておくとよいでしょう（**図2.15②**）。設定を確認したら「OK」をクリックして環境設定を完了します。

次にArduino IDEの「ツール」メニューの「ボード: Arduino/Genuino UNO」の先にある「ボードマネージャ ...」を選択し、**ボードマネージャ**を立ち上げます。

図2.17　ボードマネージャの起動

ボードマネージャの検索窓に「esp32」と入力すると、「esp32 by Espressif Systems」というパッケージが現れます（**図2.18**）。

図2.18　ボードマネージャ

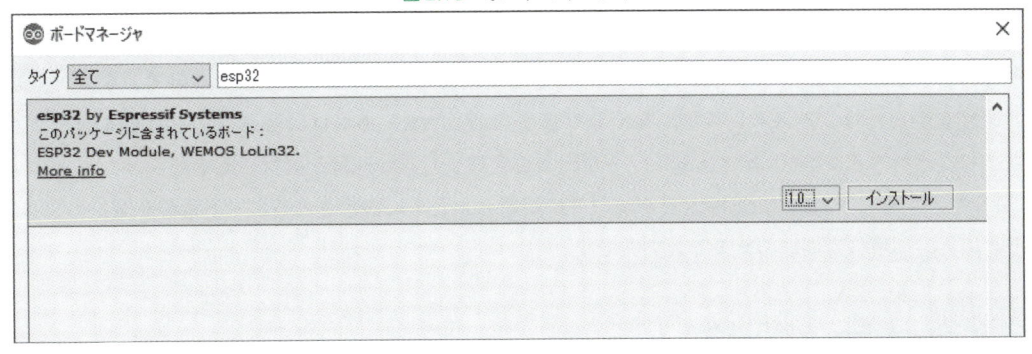

　バージョン番号をクリックすると、インストールできるバージョンのリストが現れるので、最新の
バージョンを選択してインストールします。-beta●、-rc●（●は数字）というバージョンが表示され
る場合がありますが、マイナーリリースで不安定な場合があるので、避けたほうが無難です。

(4) ボードの設定

　ボード情報のインストールが終わったら、ボードマネージャを閉じます。Arduino IDEの「ツール」
メニューの「ボード：Arduino/Genuino UNO」の先を見ると、下のほうに「M5Stack-Core-ESP32」が
追加されているので、それを選択します。さらに、「ツール」メニューのボードの下のパラメータを**図
2.19**のように指定します。

図2.19　ボードパラメータ設定

「Upload Speed」は、実行形式のファイルをArduino IDEからマイコンボードに書き込むときの通信速度（bps）を指定します。高速なものを選べば書き込み時間が短くてすみます。プログラムの開発中はプログラムを手直しして何回もビルド、書き込み、実行を繰り返すことになるので、なるべく速い速度を選んだほうがストレスが少なくなります。M5Stackであれば最高速度の921,600bpsで書き込むことができますが、書き込みエラーが出る場合は少し遅い速度を選択してください。

「シリアルポート」は、M5Stackをパソコンに接続したときに表示されるポート番号を選択します。それ以外の項目は初期値のままで大丈夫です。

■ M5Stack Fire を使う場合

M5Stack FireにはPSRAMが搭載されています。PSRAMの機能を使う場合は、Arduino IDEのボード情報をM5Stack Fire向けに設定する必要があります。**図2.20**のように、Arduino IDEの「ツール」メニューのボード情報で「M5Stack-FIRE」を選択し、それ以外のパラメータは初期値のままで大丈夫です。

図2.20　M5Stack Fireのボードパラメータ設定

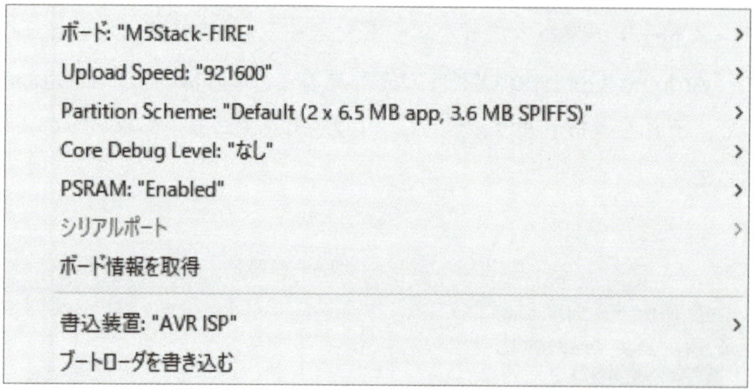

ボード: "M5Stack-FIRE"	>
Upload Speed: "921600"	>
Partition Scheme: "Default (2 x 6.5 MB app, 3.6 MB SPIFFS)"	>
Core Debug Level: "なし"	>
PSRAM: "Enabled"	>
シリアルポート	>
ボード情報を取得	
書込装置: "AVR ISP"	>
ブートローダを書き込む	

Arduino IDEはパソコンにつないだボードを自動認識してくれません。もし、M5Stack BasicやGrayに加えてFireを持っている場合は、ビルドする対象に合わせてボード情報の設定を変更する必要があります。BasicやGray向けのスケッチをビルドするときは「M5Stack-Core-ESP32」、Fire向けのスケッチをビルドするときは「M5Stack-FIRE」です。

(5) M5Stack ライブラリのインストール

Arduinoでは、センサなどにアクセスするためのプログラムが、ライブラリとして提供されています。M5Stackの液晶画面やボタンなどにアクセスするライブラリも提供されているので、それをインストールしておきます。

Arduino IDEの「ツール」メニューの「ライブラリを管理...」を選択し、**ライブラリマネージャ**を立ち上げます。

図2.21　ライブラリマネージャの起動

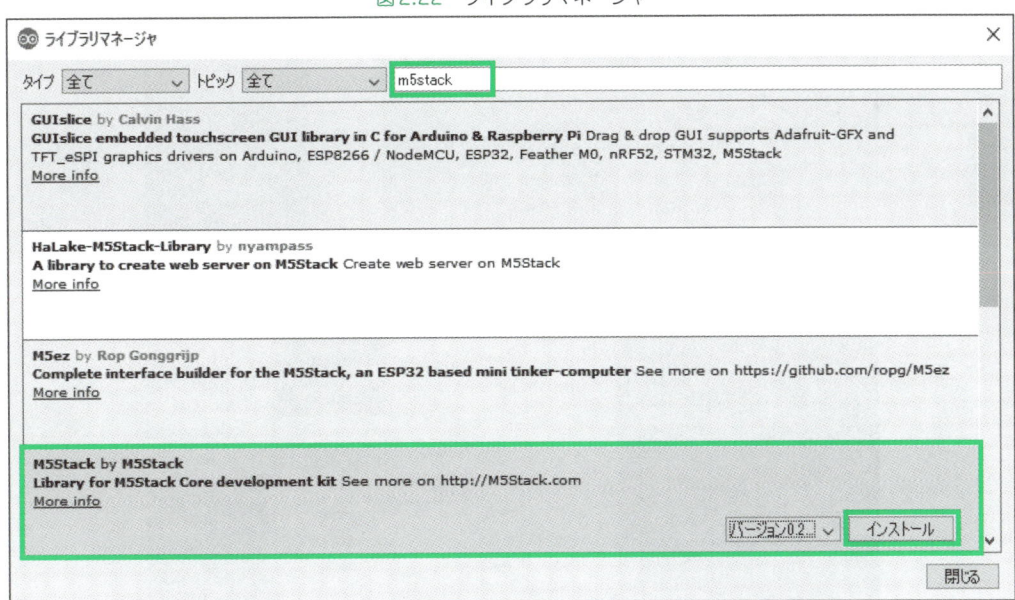

ライブラリマネージャの検索窓に「m5stack」と入力すると、「M5Stack by M5Stack」というライブラリが現れるので（**図2.22**）、最新バージョンをインストールします。

図2.22　ライブラリマネージャ

これでM5Stackを使う準備は完了です！

 **2.3 M5Stackの液晶画面に文字を書いてみよう**

　では、いよいよM5Stackで最初のスケッチを動かしてみましょう。ここではM5Stackライブラリと一緒に提供されるサンプルスケッチを使い、M5Stackの液晶画面に文字を書いてみます。

　Arduino IDEの「ファイル」メニュー→「スケッチ例」→「M5Stack」→「Basics」→「HelloWorld」を選択します。

図2.23　サンプルスケッチの選択

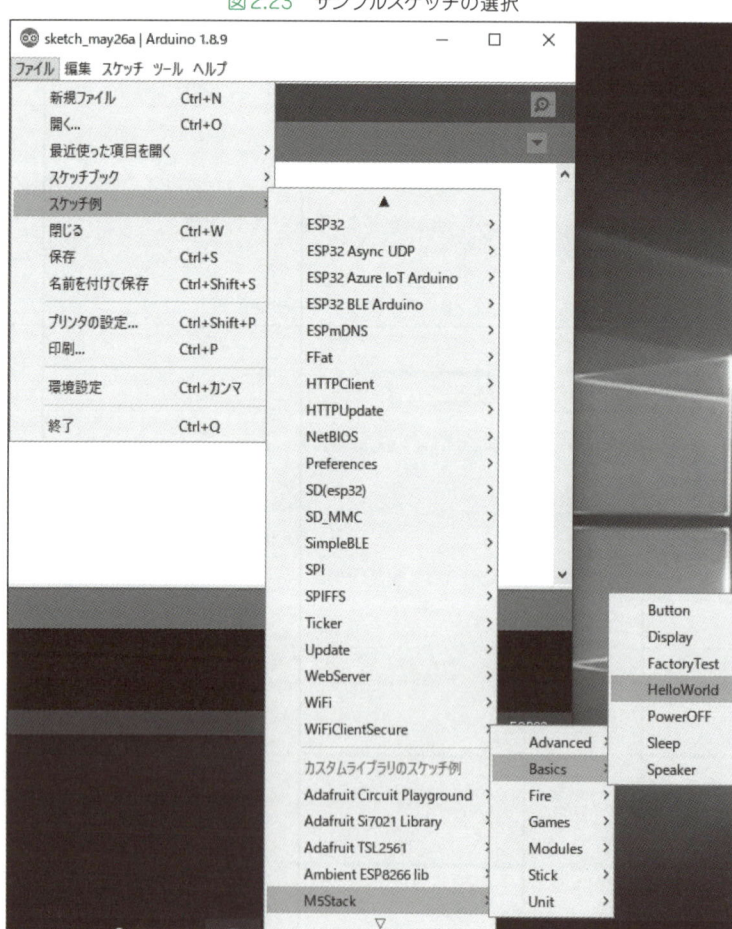

　すると、**図2.24**のようなサンプルスケッチが表示されます。スケッチの中身は次の章で解説するので、ここではこのスケッチをビルドしてM5Stackに書き込み、動かしてみます。

図2.24　サンプルスケッチ

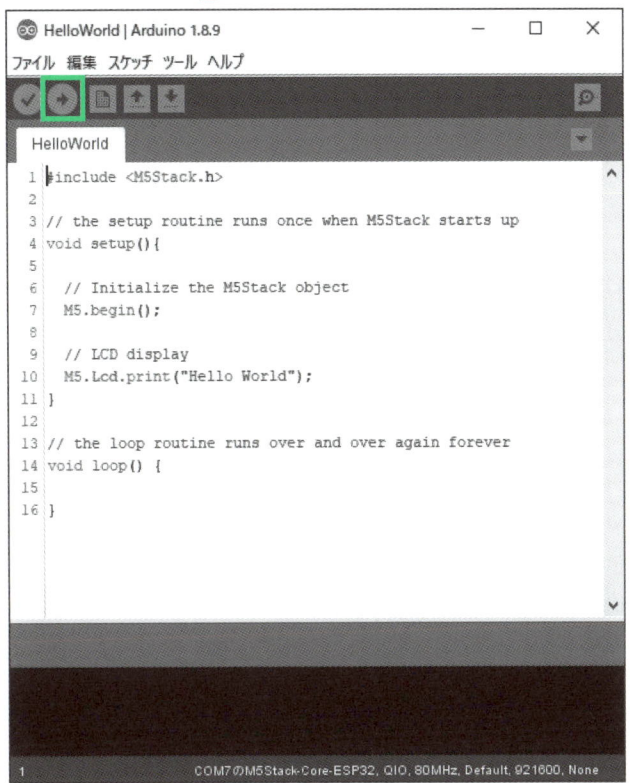

まずM5StackをUSBケーブルでパソコンにつなぎ、Arduino IDEの「ツール」メニューの「シリ
アルポート」がM5Stackを接続したポートになっていることを確認します。次に、Arduino IDE左上
の「マイコンボードに書き込む」ボタンをクリックします。すると、スケッチのコンパイルが始まり
ます。初回は少し時間がかかりますが、しばらくするとコンパイルが完了し、実行形式のファイルが
M5Stackにアップロードされます。Arduino IDEのステータス領域を見ると「ボードへの書き込み
が完了しました」と表示され、コンソール領域に「Hard resetting via RTS pin...」と表示されます（**図
2.25**）。

図2.25　書き込みが完了したArduino IDE

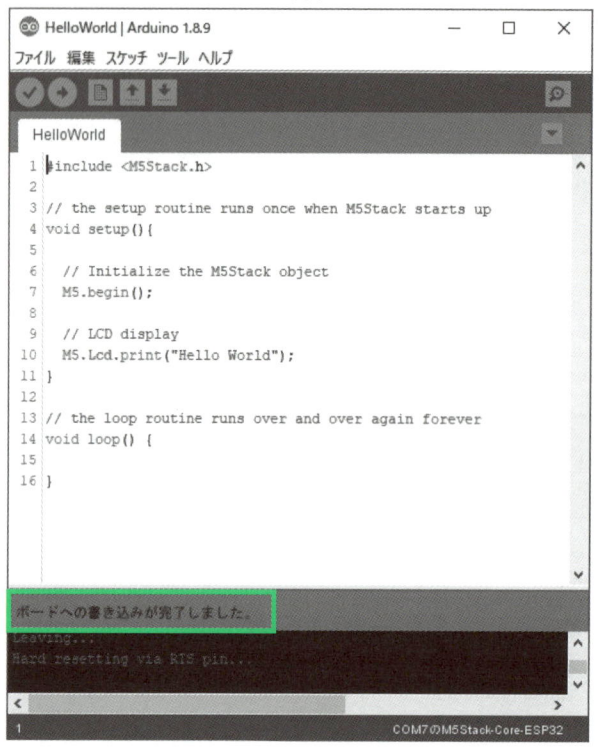

```
include <M5Stack.h>

// the setup routine runs once when M5Stack starts up
void setup(){

  // Initialize the M5Stack object
  M5.begin();

  // LCD display
  M5.Lcd.print("Hello World");
}

// the loop routine runs over and over again forever
void loop() {

}
```

M5Stackの液晶画面を見てください。左上に小さく「Hello World」という文字が表示されています（**図2.26**）。最初のスケッチをビルドしてM5Stackに書き込み、そのスケッチが動いて、液晶画面に文字を書いたことが確認できました。

図2.26　「Hello World」

このままだと自分のスケッチを動かした実感がないかもしれません。そこで、ほんの少しスケッチを変えて動かしてみましょう。10行目を次のように変えてみます。

```
M5.Lcd.print("Hello World");
↓
M5.Lcd.print("Hello World from my M5Stack.");
```

再度、スケッチをビルドしてマイコンボードに書き込むと、液晶画面の文字が変化していることを確認できます。なお、Arduino IDEを閉じるときに「変更内容を「HelloWorld」に書き込みますか？」と聞かれますが、今回の変更は保存しなくてよいので、「いいえ（N）」を選んでください。

 2.4 リセットと電源オフ

M5Stackの側面にある赤いボタンが、**リセット兼電源ボタン**です。このボタンを1回押すと、M5Stackがリセットされ、スケッチの最初から再実行されます。

電源をオフにするときは、Type-C USBケーブルを外し、このボタンを2回続けて押します。電源がオフの状態で、このボタンを1回押すと、電源がオンになります。

Type-C USBケーブルから給電しているときは、赤いボタンを2回続けて押しても電源はオフにはならず、1回押したときと同じようにM5Stackがリセットされます。

図2.27　リセット・電源ボタン

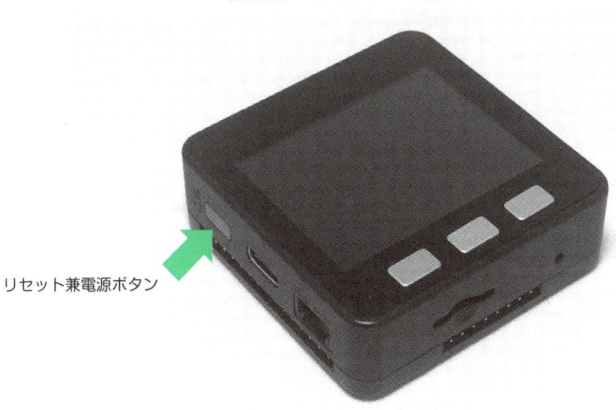

リセット兼電源ボタン

2.5 まとめ

　第2章ではM5Stackのプログラムを開発するために、パソコンにArduinoの開発環境を設定し、M5Stackで最初のプログラムをビルドして動かしました。

　第3章ではArduinoプログラミングの基礎を学び、M5Stackの液晶画面やボタン、スピーカーなどを制御します。

第 **3** 章

M5Stack で
プログラミング

第2章では、M5Stackのプログラムを開発するために、パソコンにArduinoの開発環境を準備し、M5Stackで最初のサンプルスケッチをビルドして動かしました。

本章では、M5Stackを自在に操るために、まずArduinoプログラミングの基礎を学びます。次に、M5Stackの液晶画面に文字や図形を描いたり、ボタンの状態を読んだり、スピーカーから音を出したりしてみます。

 ## 3.1 Arduinoプログラミングの基礎

第1章で説明したように、Arduinoはボードマイコンとプログラミング言語、プログラム開発環境を合わせたシステム全体の名称です。本節ではArduinoプログラミングの基礎を学びます。

(1) Arduinoスケッチの大まかな構造：setup関数とloop関数

第2章で動かしたスケッチをもう一度見てみましょう。スケッチの構造を見やすくするために、コメント (// から始まる行) を省いてあります。

スケッチ3.1　HelloWorld.ino

```
#include <M5Stack.h>

void setup() {
    M5.begin();
    M5.Lcd.print("Hello World");
}

void loop() {

}
```

Arduinoのスケッチには setup という名前の関数と、loop という名前の関数があります。関数というのは、処理のかたまりです。

サンプルスケッチ (**スケッチ3.1**) では、void setup(){ で始まる行から } までが **setup関数** です。setup関数はM5Stackが動き出したとき、最初に一度だけ実行されます。setup関数が実行されると、{ と } で囲まれた中の行が上から順番に実行されます。

setup関数の中の **M5.begin();** という行は、**M5** という名前のオブジェクトを初期化しています。**オブジェクト** というのは機能のかたまりと思ってください。**M5** はM5Stackを制御するオブジェクトで、**M5.begin();** という行を実行することで、M5Stackの初期設定、つまり動かす準備をおこないます。

`M5.Lcd.print("Hello World");`という行でM5Stackの液晶画面（LCD）に「Hello World」という文字列を書いています。

`void loop()` ｛という行から｝までが**loop**という名前の関数です。サンプルスケッチではloop関数の中身は空ですので、何もしません。

また、最初の行は`M5Stack.h`というファイルをスケッチに取り込んでいます。今のところは、M5Stackのスケッチを書くときは、最初にこの行が必要だと覚えておいてください。

スケッチ3.1をビルドして、実行形式のファイルを作り、M5Stackに書き込んで実行すると、まず**setup**関数が実行され、**M5**オブジェクトを初期化してM5Stackを動かす準備をし、液晶画面に「Hello World」という文字列を書いて、後は**loop**関数を繰り返し実行し続けます。loop関数の中身は空なので、外からは何もしていないように見えます。

通常のスケッチでは、**setup**関数でマイコンやセンサなどを使う準備（初期設定）をおこない、**loop**関数で何かの値をセンサで測って、それに対応した処理を繰り返しおこなう、といった流れになります。これがArduinoスケッチの構造と動作です。

図3.1　Arduinoスケッチの構造

```
#include <M5Stack.h>

void setup() {
    初期化処理;
}
```
setup関数。最初に1回実行される。

```
void loop() {
    センサなどからデータを入力;
    入力データを処理;
    処理結果に従って、出力（表示、送信、操作など）;
}
```
loop関数。繰り返し実行される。

(2) Arduinoスケッチのフォルダとファイル

Arduinoではスケッチのファイルはパソコンのスケッチフォルダに置かれます。スケッチフォルダの場所はArduino IDEの「ファイル」メニューの「環境設定」で確認できます。変更することも可能ですが、Windowsの場合、標準では「C:¥Users¥＜アカウント名＞¥Documents¥Arduino」です。

スケッチは、スケッチフォルダの中に「スケッチ名」のフォルダが作られ、その中に「スケッチ名.ino」というファイル名で保存されます。

```
スケッチフォルダ¥スケッチ名¥スケッチ名.ino
```

新規ファイルを作成したときの標準のスケッチ名は「sketch_jul30a」のように「sketch_月日a」という形式になります。末尾の「a」の部分は同じ日に別のプログラムを作ると「b」「c」と割り振られていきます。このような名前のままだと後で何のプログラムか分からなくなるので、プログラムを保存するときには、「ファイル」メニューの「名前を付けて保存」で適当な名前を付けて保存するといいでしょう。

(3) C++ 言語の基礎

　Arduinoスケッチは C++ というプログラミング言語を元にしています。ここでは M5Stack を操作するために必要になる範囲の C++ 言語の基礎を解説します。

■ 文（ステートメント）

　Arduinoスケッチには setup 関数と loop 関数があります。関数の{と}で囲まれた部分は**ブロック**と呼ばれます。ブロックには文（**ステートメント**）が書かれ、上から順番に実行されます。文には**スケッチ3.1**の M5.begin(); のように他の関数を呼び出すものや、x = 3; のような式などがあり、どの文も ;（セミコロン）で終わります。

■ スケッチに使う文字

　C++ 言語では、後で説明する文字列とコメント以外は、半角文字を使います。また、大文字と小文字は別のものとして扱われます。

　文字列とコメント以外のところに全角文字を使うと、ビルドした際にエラーになります。このとき、次のような「HelloWorld.ino というファイルの7行目に全角の空白がある」という意味のエラーメッセージが Arduino IDE のコンソール領域に表示されます。

```
HelloWorld:7:1: error: stray '\200' in program
```

　特に全角の空白を入力すると、半角の空白と見分けがつきにくいので、誤って入力しないように注意してください。

■ コメント

　スケッチの中に、ビルドの対象にならない文章を**コメント**として書くことができます。次のように // から行末までと、/* から */ までがコメントになります。

```
/* ここからコメントが始まり、
 * コメントが続き、次の行までがコメント
 */
```

```
// この部分もコメント
```

　処理の内容などは、スケッチを作っているときは理解していても、しばらくすると忘れてしまいがちです。適切なコメントを書いておくと、後からスケッチを見直すときの助けになります。

■ 変数

　スケッチでデータを扱うとき、データに名前をつけたものを**変数**といいます。データには整数、小数点つきの数（実数）、文字といったタイプ（型）があります。Arduinoスケッチで使う主な型を**表3.1**に挙げました。

表3.1　主な型

型	内容	備考
bool	真偽値	true（真）かfalse（偽）の値を持つデータ
char	文字	1バイトの文字データ
short	整数	$-32,768$（-2^{15}）〜$+32,767$（$2^{15}-1$）までの整数
unsigned short	符号なし整数	$0 \sim 65,535$（$2^{16}-1$）までの整数
int	整数	$-2,147,483,648$（-2^{31}）〜$+2,147,483,647$（$2^{31}-1$）までの整数
unsigned int	符号なし整数	$0 \sim 4,294,967,295$（$2^{32}-1$）までの整数
long	整数	$-2,147,483,648$（-2^{31}）〜$+2,147,483,647$（$2^{31}-1$）までの整数
unsigned long	符号なし整数	$0 \sim 4,294,967,295$（$2^{32}-1$）までの整数
float	実数	$-3.4028235E+38$ 〜$+3.4028235E+38$までの実数

　変数を使うときは、次のように型を指定して定義します。

```
int x;
```

■ 式と演算子

　Arduinoスケッチでは変数、定数と演算子を組み合わせた式で計算ができます。次の例はxという名前の変数に0という値を代入している式です。

```
x = 0;
```

　これはxが0に等しいという意味ではなく、変数xに0を代入するという意味です。＝を**代入演算子**といいます。

```
x = x + 1;
```

この式は変数 x の値に 1 を足して、x に代入するという意味で、x の値を 1 増やします。

Arduino スケッチで使う主な演算子を**表3.2**に示します。

表3.2　主な演算子と優先順位

優先順位	演算子	説明
1	a++　　a--	後置インクリメント、デクリメント
	a()	関数呼び出し
	a[]	添字
	.　　->	メンバアクセス
2	++a　　--a	前置インクリメント、デクリメント
	+a　　-a	正号、負号
	!　　~	論理否定、ビット単位の論理否定
3	a*b　　a/b　　a%b	乗算、除算、剰余
4	a+b　　a-b	加算、減算
5	<<　　>>	ビット単位の左シフト、右シフト
6	<　　<=	関係演算子 < ≤
	>　　>=	関係演算子 > ≥
7	==　　!=	関係演算子 = ≠
8	&	ビット単位の論理積
9	^	ビット単位の排他的論理和
10	|	ビット単位の論理和
11	&&	論理積
12	||	論理和
13	a?b:c	三項演算子
	=	代入
	+=　　-=	加算代入、減算代入
	*=　　/=　　%=	乗算代入、除算代入、剰余代入
	<<=　　>>=	ビット単位の左シフト代入、右シフト代入
	&=　　^=　　|=	ビット単位の論理積代入、排他的論理和代入、論理和代入
14	,	コンマ

個々の演算子の使い方については、登場したところで解説します。

表3.2に示したように、演算子には優先順位があります。例えば

```
x = a * b + c;
```

という式には代入演算子=、乗算演算子*、加算演算子+ があります。優先順位が高い順に並べると*、+、=となるので、この式は次の意味になります。

```
    x = ((a * b) + c);
```

この例は分かりやすいのですが、次のように優先順位が分かりにくいものもあります。

```
    x = a + b << c;
```

<< は左辺の値を左にシフトする演算子ですが、この式の場合は**a**と**b**を足してから**c**ビット左にシフトするのか、**b**を**c**ビット左にシフトしてから**a**を足すのかは迷うところです。**表3.2**を見ると、**+**のほうが**<<**よりも優先順位が上なので、この式は**a**と**b**を足してから**c**ビット左にシフトするという動作になります。

勘違いすると期待したものと違う結果になってしまうので、演算子の優先順位には注意してください。不安なときは次のように括弧をつけるようにしましょう。

```
    x = (a + b) << c;
```

(4) 関数

■ 関数の基本形

関数は処理文のかたまりです。ひとかたまりの処理を関数にして名前をつけることで、スケッチ全体を分かりやすくしたり、一連の処理を繰り返し呼び出して使ったりということができます。

関数は次のような形をしています。引数がない場合は、2番目のような書き方をします。

```
型 関数名(引数1, 引数2, ...) {
    文;
    文;
    ...
}

型 関数名() {   // 引数がない場合
    文;
    文;
    ...
}
```

関数を呼び出すときは、次のように関数名と、引数があれば引数を書きます。

```
    文1;
    変数 = 関数名(引数1, 引数2);
    文2;
```

　実際の実行は、まず文1が実行され、次に関数名の関数が呼び出されて、関数の中身が実行され、関数の処理が終わると、文2が実行されるという順番になります。

　関数の中の文は先頭に何文字かの空白を入れています。これを字下げ、または**インデント**といいます。C++言語では、インデントは必須ではありませんが、文が関数の中に含まれることが見やすくなるので、使うようにしましょう。

　ちなみに、機械学習や画像処理などでよく使われるPython（パイソン）という言語などでは、インデントが意味を持ち、必要とされます。

　関数はreturn文で値を返すことができます。

```
    return 値;
```

　関数を定義するときに、関数名の前に関数が返す値の型を書きます。値を返さない関数の場合には、**void**という型を書きます。setup関数やloop関数は値を返さないので、void　型を返す関数として定義します。

■ 関数の例

　では関数の例を見てみましょう。

```
int power2(int x) {
    int y = x * x;
    return y;
}
```

　このpower2は整数型の引数xを受け取って、値を2乗して返す関数です。整数型の値を返すので、関数名power2の前にintと書いています。

　関数を呼び出すときは、最初の例のように文で呼び出すこともできますし、2番目の例のように条件式の中から呼び出すこともできます。

```
    int a = power2(3);  // 関数を文の中で呼び出す

    if (power2(b) < 100) {  // 関数を条件式の中で呼び出す
```

```
        ...;
    }
```

　処理の中身は、整数型の変数 y を定義して、引数 x の 2 乗を代入し、その値を return 文で返しています。return 文には式を書けるので、上のスケッチは次のように書くこともできます。

```
int power2(int x) {
    return x * x;
}
```

　C 言語や C++ 言語では簡潔に記述することが好まれるので、よくこのような書き方をします。慣れておくとよいでしょう。

　この程度の簡単な処理だと、実際には関数にするメリットはあまりありませんが、関数の基本形は分かると思います。

■ システム関数

　関数は、ユーザーが定義して使うこともできますし、あらかじめ用意されている**システム関数**もあります。

　Arduino で提供されているシステム関数には、入出力をおこなう digitalRead、digitalWrite、時間に関連する delay、millis、数値演算をおこなう abs、max、min などがあります。

　システム関数の使い方についても、登場したところで解説します。

(5) 条件分岐と繰り返し

　関数が実行されると、{ と } で囲まれたブロック内の文が上から順番に実行されると説明しました。これだと、いつも同じ処理を順番に実行するだけになりそうですが、実際には値によって処理の流れを変えたり、繰り返し処理をおこなったりということができます。これによって、複雑な処理を記述できるようになります。

■ if 文

　if 文は次のような形をしています。

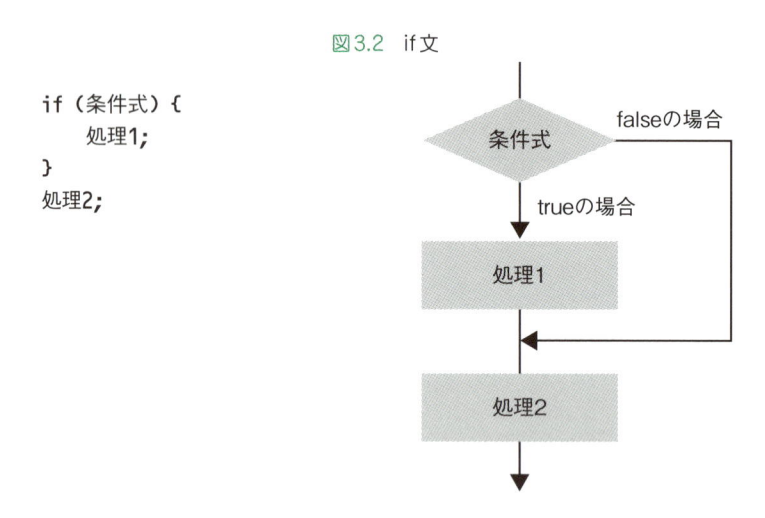

図3.2　if文

```
if（条件式）{
    処理1;
}
処理2;
```

　図3.2の**if**文は、条件式の値が真（true）のときに**{ }**の中の処理1が実行されます。条件式の値が偽（false）のときは**{ }**の中は実行されず、処理2に移ります。

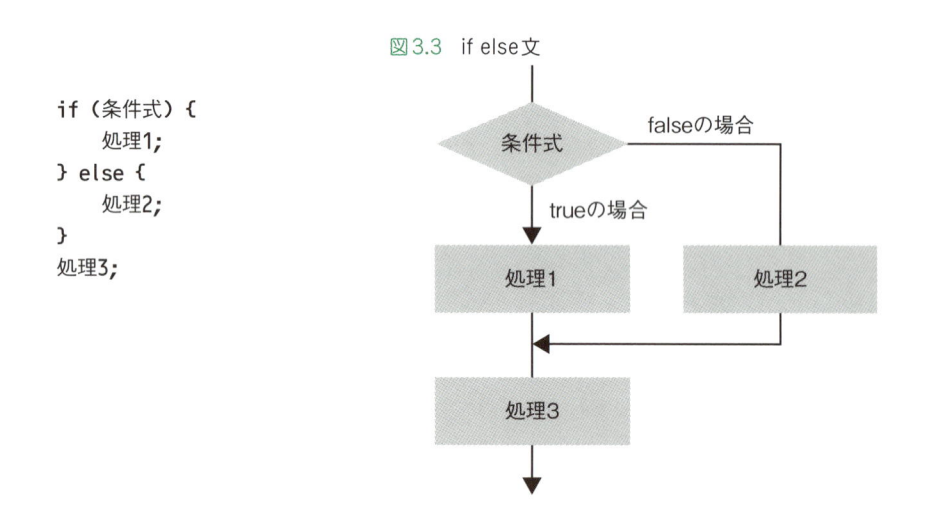

図3.3　if else文

```
if（条件式）{
    処理1;
} else {
    処理2;
}
処理3;
```

　図3.3の**if else**文では、条件式の値が真（true）のときに最初の**{ }**の中の処理1が実行され、次に処理3に移ります。条件式の値が偽（false）のときは**else**節に続く**{ }**の中の処理2が実行され、処理3に移ります。

　if文や**else**節に続くブロックの中はインデント（字下げ）をおこないます。これも関数のインデントと同じように必須ではありませんが、ブロックの中の文が**if**文や**else**節に制御される文であることを分かりやすくするために、インデントを使うようにしましょう。

例えば温度センサで温度を測り、その値を返す **getTemp** という関数と、LED を点灯させる **ledon** という関数があったとします。次のスケッチは温度を測り、値が 25.0 より大きかったら LED を点灯させるという動作をします。

```
float temp;
temp = getTemp();     // 温度センサで温度を測り、値を temp に代入する
if (temp > 25.0) {    // 値が 25.0 より大きかったら、この式の値が真になり、
    ledon();          // LED を点灯させる
}
```

if 文の条件式の中で関数を呼び出せるので、このスケッチは次のように書くこともできます。

```
if (getTemp() > 25.0) {   // 温度センサで温度を測り、値が 25.0 より大きかったら、
    ledon();              // LED を点灯させる
}
```

これは **if** 文の条件式の値を決める（条件式を評価するといいます）ために、**getTemp** という関数を実行し、その結果と 25.0 を比較して、条件式が真だったら、{ } のブロックを実行するという動きになります。

このスケッチは、このままだと一旦温度が 25.0℃ を超えたら LED が点灯されたままになります。温度が 25.0℃ 以下になったときに LED を消灯するには、**ledoff** という関数があるとして、次のように **else** で LED を消すようにします。

```
if (getTemp() > 25.0) {   // 温度センサで温度を測り、値が 25.0 より大きかったら、
    ledon();              // LED を点灯させる
} else {                  // 「値が 25.0 より大きい」が偽、つまり 25.0 未満だったら
    ledoff();             // LED を消す
}
```

■ for 文

処理を繰り返しおこなう方法の代表が **for 文**です。for 文の中の繰り返し処理をぐるぐる回ることから、for ループと呼ばれることもあります。for 文は次のような形をしています。

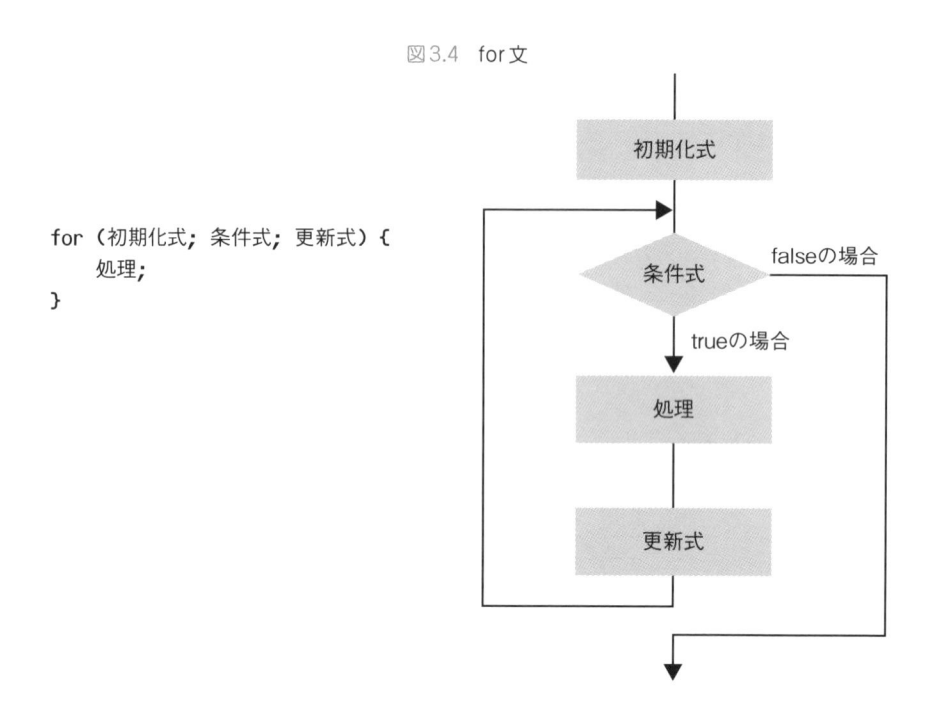

図3.4　for文

```
for（初期化式; 条件式; 更新式）{
    処理;
}
```

先に例を見たほうが分かりやすいでしょう。

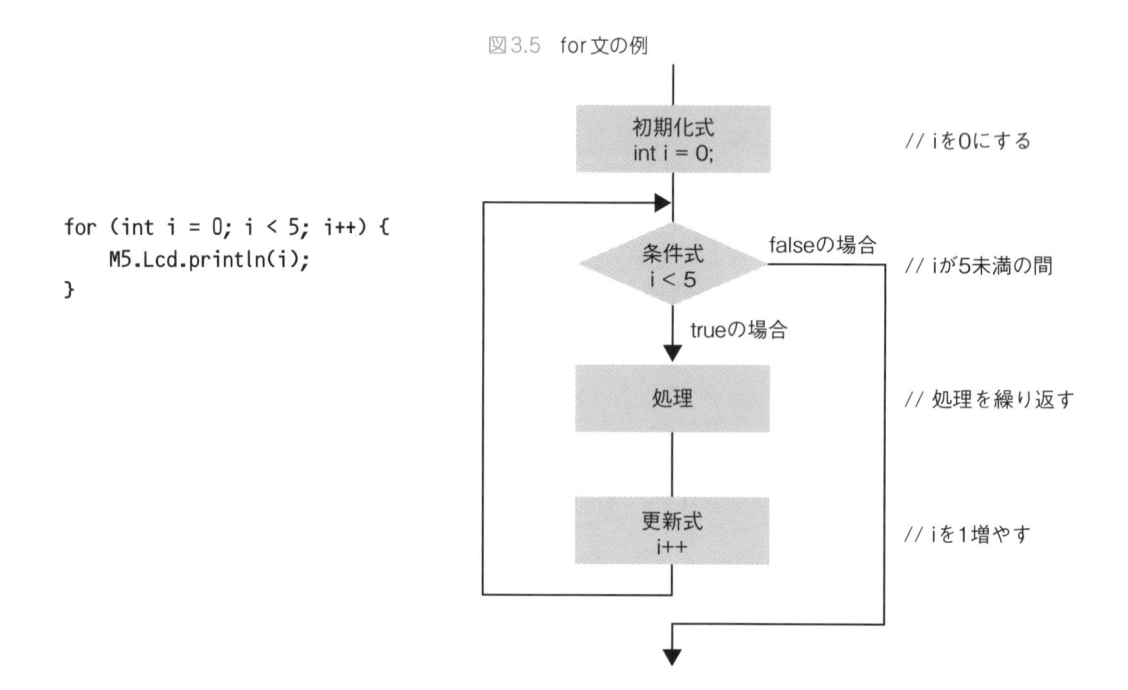

図3.5　for文の例

```
for (int i = 0; i < 5; i++) {
    M5.Lcd.println(i);
}
```

　for文ではまず、初期化式が実行されます。この例では、整数型の変数 i を定義して値を0に設定します。次に条件式を評価し、値が真の間、{ }の中のブロックが実行されます。例では変数 i の値が5未満の間、ブロックが実行されます。ブロックが1回実行されるごとに、更新式が実行されます。例では i++ という文です。この ++ という演算子は変数の値を1増加させます。ブロックの中の M5.Lcd.println は、M5Stack の液晶画面に引数の値を表示して改行する処理で、ここでは変数 i の値を表示します。

　つまりこの例では、変数 i の値が最初に0に設定され、M5Stack の液晶画面に値0を表示し、i を1、2、3、4と増加させながら液晶画面にその値を表示します。そして i の値が5になると条件式　5 < 5 が偽になり、for文を終了します。処理をある回数繰り返すときに、よく使われる書き方です。

■ while 文

　while文も繰り返し処理をするときによく使われます。while文の繰り返し処理は while ループと呼ばれることもあります。while文は次のような形をしています。

図3.6　while文

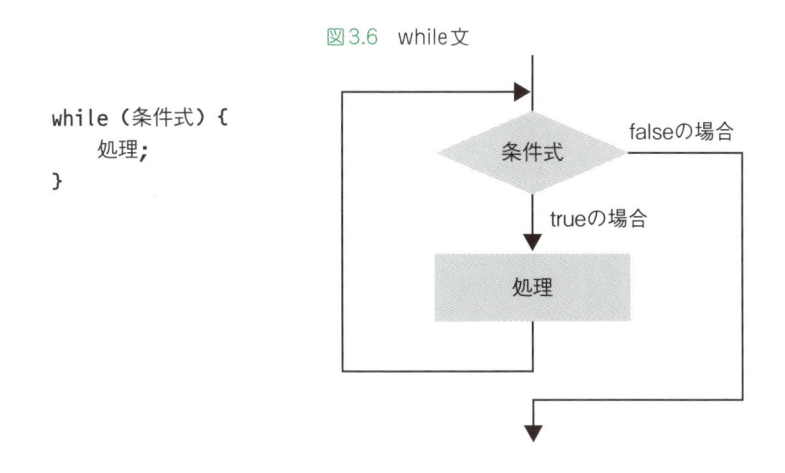

```
while （条件式）{
    処理;
}
```

　while文は条件式が真の間、ブロック内の処理を繰り返し実行します。例を見てみましょう。

```
while (getTemp() < 25.0) {
    delay(1000);
}
```

　getTemp は先程と同じく温度センサで温度を測り、その値を返す関数です。delay はシステム関数で、引数で指定した時間（ミリ秒）待ちます。この while文は、温度を測り、その温度が25℃以下だったら1000ミリ秒（＝1秒）待って、再度温度を測ります。つまり、1秒ごとに温度を測りながら、温度が25℃を超えるまで待つという動作をします。

このように、for文はあらかじめ回数が分かっている繰り返し処理を記述するときによく使われ、while文はある条件が成立するまで処理を繰り返すときによく使われます。

■ break 文と continue 文

for文やwhile文で、ある条件になったら繰り返し処理を止めたい場合や、処理をスキップしたい場合があります。

break文は繰り返し処理を止めて、繰り返しループの外に出る動作をします。

図3.7　break文

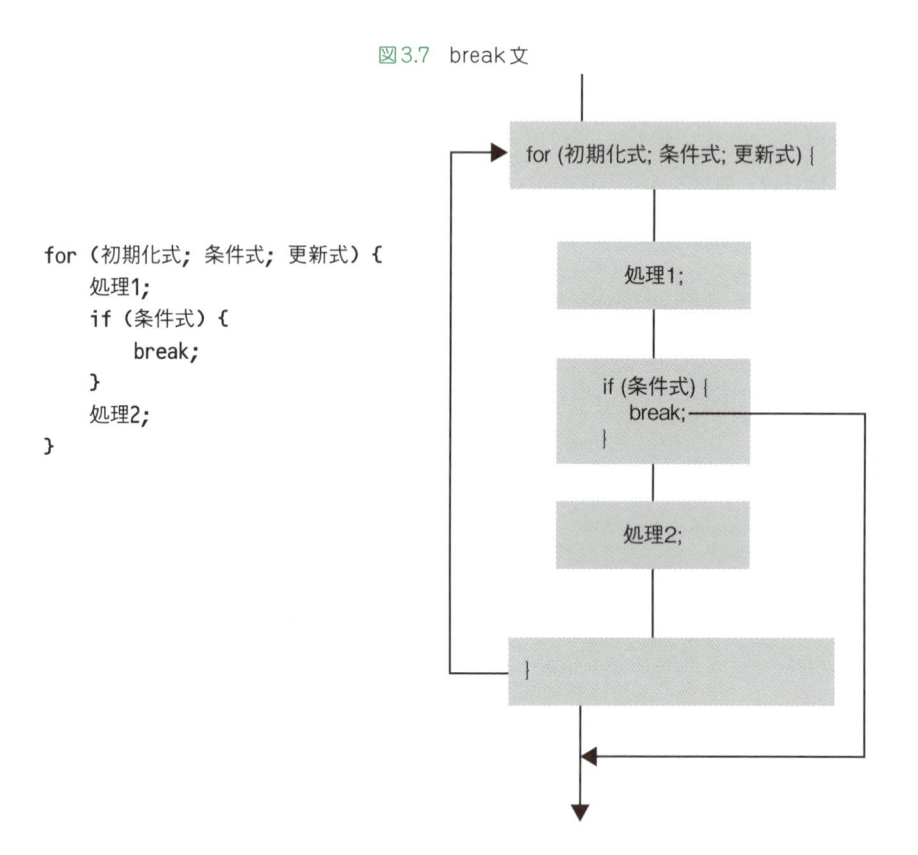

```
for （初期化式; 条件式; 更新式) {
    処理1;
    if （条件式）{
        break;
    }
    処理2;
}
```

これはfor文と組み合わせたものです。for文で繰り返し処理をおこなっているときに、if文の条件式が真になったらbreak文が実行され、繰り返し処理を止めて、for文のループを抜けて次の処理に移ります。

continue文は繰り返し処理をスキップします。

図3.8　continue文

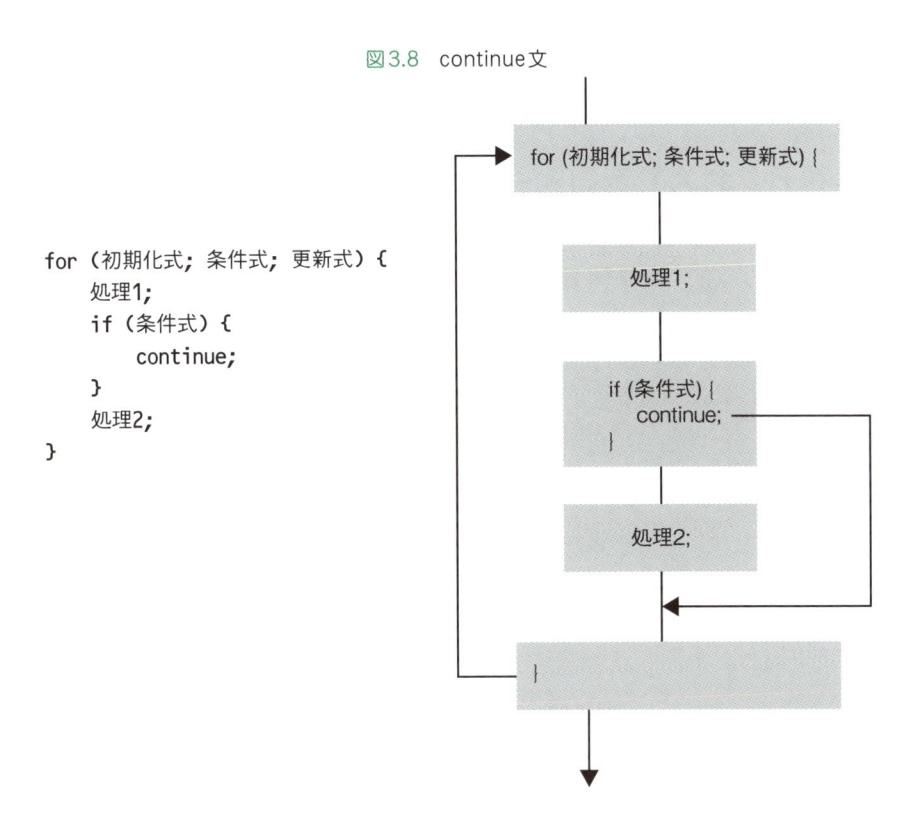

```
for（初期化式; 条件式; 更新式）{
    処理1;
    if（条件式）{
        continue;
    }
    処理2;
}
```

　for文で繰り返し処理をおこなっているときに、if文の条件式が真になったらcontinue文が実行され、繰り返し処理の残り（処理2）をスキップして、次の繰り返し処理に移ります。具体例を見てみましょう。

```
for (int i = 0; i < 100; i++) {
    if (i % 3 == 0) {
        continue;
    }
    M5.Lcd.println(i);
}
```

　変数iを0から99まで1ずつ増加させ、その値を液晶画面に表示します。if文の条件式で使われている%は剰余（除算の余り）を求める演算子で、==は左辺と右辺の値が同じかどうかを調べる演算子です。この条件式はiを3で割った余りが0のときに真になります。その場合continue文が実行され、以降の処理がスキップされて、次の繰り返し処理に移ります。したがって、このfor文を実行すると、1、2、4、5、7、8、10、…、97、98というように、3の倍数以外の数が液晶画面に表示されます。

for文の中での使い方を説明しましたが、break文、continue文はどちらもwhile文の中でも使えます。

（6）変数をアクセスできる範囲と変数の寿命

変数は、型を指定して定義すると説明しました。変数を関数の中で定義したものを**ローカル変数**、関数の外で定義したものを**グローバル変数**といいます。

```
void setup() {
    int val1; // ローカル変数
}

int val2;  // グローバル変数

void loop() {
    int count;  // ローカル変数

    val1 = 0;  // アクセスできない（コンパイルエラーになる）

    val2 = 2;  // グローバル変数にはアクセスできる


}
```

ローカル変数は、定義した関数の中でしかアクセスできません。この例では、setup関数内で定義したval1はsetup関数の中でしかアクセスできず、例えばloop関数の中でアクセスしようとすると、コンパイルエラーになります。

アクセスできる範囲に制限がつくくらいなら、いっそ全てグローバル変数として定義すればよいかというと、そうではありません。グローバル変数として定義してしまうと、スケッチの中で意図しない部分から変数の値を書き換えられてしまう危険性があるためです。グローバルにアクセスしなければならない変数以外は、ローカル変数として定義したほうが、安全な、バグの入りにくいスケッチになります。

関数の中で定義したローカル変数の値は、その関数を終了すると失われます。Arduinoのloop関数は繰り返し実行されますが、繰り返しのたびにloop関数が呼び出されて、実行され、loop関数を終了し、また呼び出されるというループを繰り返します。loop関数内で定義したローカル変数に代入した値は、1回loop関数を終了するごとに失われます。

例えば、温度が25.0℃より大きくなった回数を数える場合、次のようにcountという変数をローカル変数として定義すると、loop関数が終了したときに値が失われてしまい、数えることはできません。

```
void loop() {
    int count;   // ローカル変数として定義する

    if (getTemp() > 25.0) {
        count++;
    }
    delay(1000);
                // loop関数が終了すると、ローカル変数の値は失われる
}
```

このような場合は、変数をグローバル変数として定義する必要があるので、注意してください。

```
int count = 0;   // グローバル変数として定義する

void loop() {
    if (getTemp() > 25.0) {
        count++;
    }
    delay(1000);
}
```

(7) データ（配列、構造体、文字列）

■ 配列

　温度を10回測って値を記録するといった例のように、同じ型のデータを複数個扱いたい場合には、**配列**を使います。配列は、次のように定義します。

```
型 配列名[個数];
```

型は配列に含まれるデータの型で、個数は配列に含まれるデータの個数です。例を見てみましょう。

```
float temp[10];
```

　これは実数型が10個並んだ**temp**という名前の配列です。配列の個々の要素には0から始まる番号がつけられていて、番号を指定することで配列の個々の要素を参照したり要素に代入したりできます。例えば**temp**という配列の先頭（0番目）の要素に値を代入するには次のようにします。

```
    temp[0] = 22.3;
```

図3.9　配列

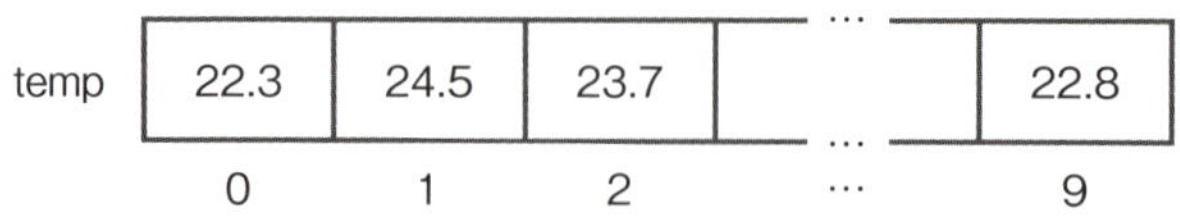

temp	22.3	24.5	23.7		...	22.8
	0	1	2		...	9

　温度センサで温度を測る関数getTempを使って、温度を10回測り、記録するのは、次のようなスケッチになります。配列の何番目の要素かを表す添字には変数を使うことができ、それを使って配列の0番目から9番目の要素に測定した温度データを記録しています。

```
float temp[10];

for (int i = 0; i < 10; i++) {
    temp[i] = getTemp();
    delay(1000);
}
```

■ 構造体

構造体は、いくつかのデータをまとめて扱うもので、次のような形をしています。

```
struct 構造体名 {
    型 メンバ名1;
    型 メンバ名2;
    ...
};

struct 構造体名 構造体変数名;
```

　最初のstruct 構造体名 { 型 メンバ名; ... }で構造体がどんな形をしているかを宣言して、次のstruct 構造体名 構造体変数名; で宣言した構造体の変数を定義しています。

　構造体の中の要素は、メンバと呼ばれる変数です。配列は同じ型が並んだものでしたが、構造体は異なる型のデータをメンバとして扱うことができます。

　例えば、緯度と経度で表された場所の温度と湿度のデータをまとめて扱う場合、次のような構造体にします。通常は温度も湿度も実数で扱いますが、異なる型のデータが扱えることを示すために、あえて湿度はshort型にしています。

```
struct th {
    float lat;
    float lng;
    float temp;
    short humid;
};

struct th temphumid;
```

構造体のメンバを参照したり代入したりするときは、次のように **.**（ドット）という演算子を使います。次の例は temphumid という変数名の構造体の temp というメンバ変数に、getTemp 関数の返す値を代入しています。

```
temphumid.temp = getTemp();
```

構造体の配列を作ることもできます。これは同じ構造のデータのかたまりが複数ある場合に便利です。構造体の配列は、構造体を宣言した後に次のように定義します。

```
struct 構造体名 構造体配列名[要素数];
```

例えば、先程の構造体で20ヶ所の場所の温度、湿度を扱う場合、次のように定義します。

```
struct th temphumid[20];
```

構造体の配列のメンバにアクセスするには、次のように[]と . を組み合わせて使います。次の例は temphumid という構造体配列の10番目の要素の temp というメンバ変数に getTemp 関数の返す値を代入しています。

```
temphumid[10].temp = getTemp();
```

■ 文字列

Arduino で文字列を扱う方法は2つあります。1つは**文字型**（char）のデータの配列として扱う方法で、もう1つは **String** というクラスを使う方法です。前者の文字型のデータの配列として扱う方法のほうが基本なので、ここではこちらを説明します。

文字型の配列としての文字列は、文字が並び、最後に `'\0'` という文字がつきます。`'\0'` は `'\'`（バックスラッシュ）と `'0'` の2文字ではなく、1文字のデータです。

文字型の配列として扱うときは、次のように定義します。

```
char s[] = {'h', 'e', 'l', 'l', 'o', '\0'};
char s[] = "hello";
```

図3.10　文字列

s	'h'	'e'	'l'	'l'	'o'	'\0'
	0	1	2	3	4	5

1行目と2行目は同じ文字列を表していますが、1行目の書き方は煩雑なので、通常は2行目のように文字列を `"`（ダブルクォート）で囲んで表現します。この例のように配列の宣言と代入が同時におこなわれる場合は、配列の長さを省略できます。配列sの長さは5ではなく、最後の `'\0'` を含んで6になります。

「Hello World」という文字列を液晶画面に表示するスケッチ（**スケッチ3.1**）でも、`"`（ダブルクォート）で囲んだ文字列を使っていました。

```
M5.Lcd.print("Hello World");
```

(8) クラス

C++言語には、データとそのデータにアクセスする関数をまとめた**クラス**というものがあります。クラスは次のような形をしています。

```
class クラス名 {
    型 メンバ変数名;
    ...
    型 メンバ関数名();
    ...
};
```

構造体と同じように、クラスには**メンバ変数**があり、さらに構造体にはない**メンバ関数**というものがあります。これにより、データと関数をまとめて記述できます。

クラスは便利で強力な機能ですが、その使い方やメリットは事例を元にしたほうが理解しやすいので、事例が出てきたところ（第5章）で解説します。ここでは、クラスというものがあることだけ覚えてもらえれば結構です。

M5Stackを制御する

Arduinoプログラミングの基礎を見てきたので、いよいよArduinoスケッチでM5Stackを操作してみましょう。

（1）液晶画面（LCD）に文字や図形を描く

最初のサンプルスケッチ（**スケッチ3.1**）でもM5Stackの液晶画面（LCD）に文字を書きましたが、もう少し自由自在に文字や図形を描いてみましょう。

■ M5Stack の LCD

M5StackのLCDは縦240ピクセル、横320ピクセルのカラー液晶です。LCD上の位置は横（x軸）と縦（y軸）の座標で表します。座標値としては、左上が**(0，0)**、右下が**(319，239)**になります。

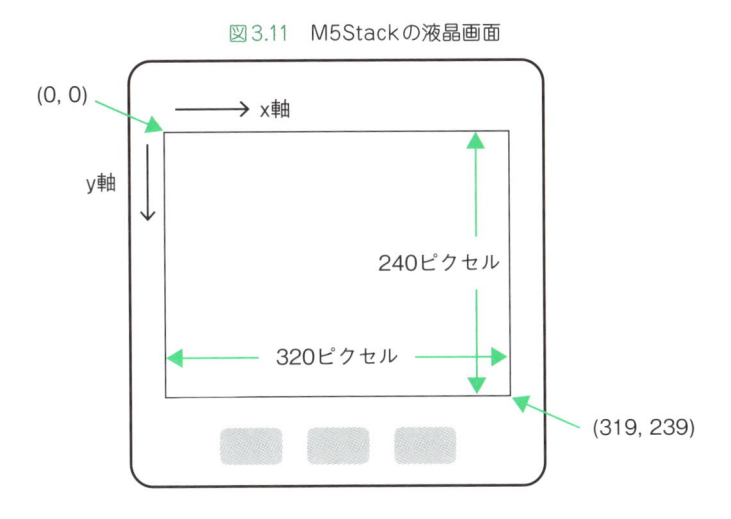

図3.11　M5Stackの液晶画面

■ LCD に文字を書く

スケッチ3.1では`M5.Lcd.print("Hello World");`としてLCDに文字を書きました。次は、座標を指定して、左から40ピクセル（x＝40）、上から60ピクセル（y＝60）のところに文字列を表示してみます。ついでに文字も少し大きくしてみましょう。

まずスケッチを見てみます。

```
#include <M5Stack.h>

void setup() {
    M5.begin();  // M5Stack オブジェクトを初期化する

    M5.Lcd.setCursor(40, 60);      // 文字を書く位置を設定する
    M5.Lcd.setTextSize(3);         // 文字サイズを設定する
    M5.Lcd.print("Hello World ");  // Hello Worldと表示する
}

void loop() {

}
```

スケッチ3.2をArduino IDEのエディタ領域に入力し、M5StackをUSBケーブルでパソコンにつないで、Arduino IDE左上の「マイコンボードに書き込む」ボタンをクリックします。スケッチがビルドされ、しばらくするとスケッチがM5Stackに書き込まれて、実行されます。

M5StackのLCDを見ると、**図3.12**のように、指定した位置に前回よりも大きな文字で「Hello World」と表示されます。

図3.12　位置と文字サイズを指定して文字列を表示する

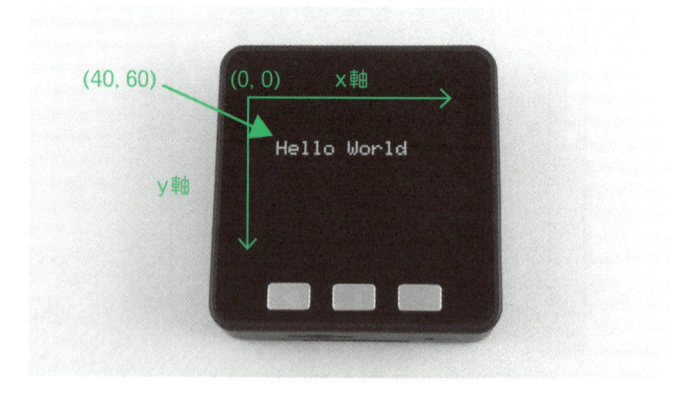

では、スケッチを詳しく見ていきます。指定した座標に文字列を表示するには、**setCursor**という関数で表示位置を設定して、**print**関数で表示します。

```
void M5.Lcd.setCursor(uint16_t x, uint16_t y);
```

説明 表示位置を (x, y) に設定する

パラメータ

- uint16_t x：x座標
- uint16_t y：y座標

戻り値 なし

例 `M5.Lcd.setCursor(40, 60);`

uint16_tというのは、システムで定義されているデータの型で、符号なしの16ビットの整数です。文字の大きさはsetTextSizeという関数で設定します。

```
void M5.Lcd.setTextSize(uint8_t size);
```

説明 文字の大きさをsizeに設定する

パラメータ

- uint8_t size：文字サイズ（1から7）

戻り値 なし

例 `M5.Lcd.setTextSize(3);`

uint8_tというデータの型もシステムで定義されていて、符号なしの8ビットの整数です。文字の大きさを指定するsizeには1から7までの値を指定できます。実際の文字の大きさの対比については**図3.13**をご覧ください。

図3.13　サイズ1〜7の文字

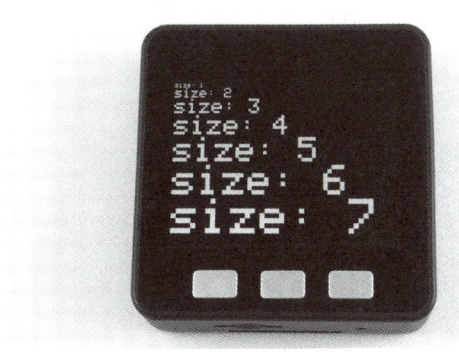

setTextSizeで文字サイズを指定しない場合、文字サイズは1になります。

printは便利な関数で、整数や小数点のある数、文字、文字列を出力できます。フォーマットを指

定すると、数字を2進数（BIN）や16進数（HEX）で表示したり、小数点以下の桁数を指定したりといったことができます。

```
int M5.Lcd.print(val);
int M5.Lcd.print(val, format);
int M5.Lcd.println(val);
int M5.Lcd.println(val, format);
```

説明 値 val を LCD に表示する。println は表示した後に改行する。

パラメータ

- val：出力する値。整数、浮動小数点数、文字、文字列を出力できる。
- format：出力する書式。BIN（2進数）、OCT（8進数）、DEC（10進数）、HEX（16進数）が指定できる。浮動小数点を出力する場合、小数点以下の桁数を指定できる。

戻り値 表示した文字数

例
```
M5.Lcd.print(78); // 78 が出力される
M5.Lcd.print(1.23456); // 1.23 が出力される
M5.Lcd.print('N'); // N が出力される
M5.Lcd.print("Hello World"); // Hello World という文字列が出力される
M5.Lcd.print(78, HEX); // 4E が出力される
M5.Lcd.print(1.23456, 4); // 1.2346 が出力される
```

■ LCD に線を描く

次に LCD に線を描いてみます。線を描くには2つの座標(x0, y0)と(x1, y1)を指定して、drawLine という関数を使います。

図3.14 drawLine

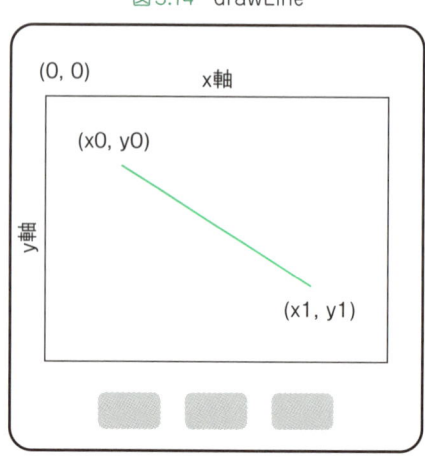

58

まず簡単な例を見てみましょう。

スケッチ3.3　drawLine.ino

```
#include <M5Stack.h>

void setup() {
    M5.begin();
    M5.Lcd.drawLine(0, 0, 319, 239, WHITE);  // LCDに線を描く
}

void loop() {

}
```

このスケッチを Arduino IDE のエディタ領域に入力して、ビルドして M5Stack に書き込むと、LCD の左上(0, 0)から右下(319, 239)まで線が引かれます。

```
void M5.Lcd.drawLine(int16_t x0, int16_t y0, int16_t x1, int16_t y1, uint16_t
color);
```

　説明　　座標(x0, y0)から(x1, y1)までcolorで指定した色の線を描く

　パラメータ
- uint16_t x0：始点のx座標
- uint16_t y0：始点のy座標
- uint16_t x1：終点のx座標
- uint16_t y1：終点のy座標
- uint16_t color：色

　戻り値　なし

　例　　M5.Lcd.drawLine(0, 0, 319, 239, WHITE);

colorは色を表すデータで、**表3.3**の色が定義されています。

表3.3　M5Stackで定義されている色

色の定義	色	16進データ
BLACK	黒	0x0000
NAVY	ネイビー	0x000F
DARKGREEN	濃い緑	0x03E0
MAROON	マロン	0x7800
PURPLE	パープル	0x780F
OLIVE	オリーブ	0x7BE0
LIGHTGREY	薄い灰色	0xC618
DARKGREY	濃い灰色	0x7BEF
BLUE	青	0x001F
GREENYELLOW	黄緑	0xB7E0

色の定義	色	16進データ
GREEN	緑	0x07E0
YELLOW	黄色	0xFFE0
ORANGE	オレンジ	0xFDA0
PINK	ピンク	0xFC9F
CYAN	シアン	0x07FF
DARKCYAN	濃いシアン	0x03EF
RED	赤	0xF800
MAGENTA	マゼンダ	0xF81F
WHITE	白	0xFFFF

　始点と終点の座標には、定数だけでなく変数を使うこともできます。座標に変数を使って、もう少し複雑な線を描いてみましょう。

スケッチ3.4　drawLine2.ino

```
#include <M5Stack.h>

void setup() {
    M5.begin();   // M5Stackオブジェクトを初期化する
}

void loop() {
    M5.Lcd.fillScreen(BLACK);
    for (int y = 0; y < 240; y += 10) {
        M5.Lcd.drawLine(0, 0, 319, y, WHITE);
        delay(50);
    }
    for (int x = 319; x >= 0; x -= 10) {
        M5.Lcd.drawLine(0, 0, x, 239, RED);
        delay(50);
    }
    for (int x = 319; x >= 0; x -= 10) {
        M5.Lcd.drawLine(319, 0, x, 239, BLUE);
        delay(50);
    }
    for (int y = 239; y >= 0; y -= 10) {
        M5.Lcd.drawLine(319, 0, 0, y, GREEN);
        delay(50);
    }
}
```

このプログラムも Arduino IDE に入力して、動かしてみましょう。**図3.15**は最初の**for**文を実行し終えたところです。

図3.15　たくさん線を描く

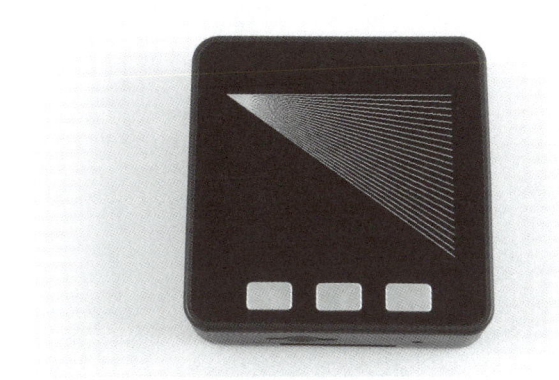

スケッチ3.4は loop 関数の中で線を描いています。loop 関数の最初にある **fillScreen** 関数は、画面を指定した色で塗りつぶします。**スケッチ3.4**では黒（**BLACK**）を指定しているので、画面を黒く塗りつぶして、最初の状態にしています。

　　void M5.Lcd.fillScreen(uint16_t color);

　　　説明　　画面を color で指定した色で塗りつぶす

　　　パラメータ
　　　● uint16_t color：色

　　　戻り値　なし

　　　例　　　M5.Lcd.fillScreen(BLACK);

delay 関数は引数で指定した時間（ミリ秒）待つシステム関数です。

　　void delay(unsigned long ms);

　　　説明　　引数 ms で指定した時間（ミリ秒）待つ

　　　パラメータ
　　　● unsigned long ms：待つ時間（ミリ秒）

　　　戻り値　なし

　　　例　　　delay(50);

loop関数で、まず画面を黒く塗りつぶし、次に白、赤、青、緑と色を変えながら、50ミリ秒ごとに線を描いています。loop関数は繰り返し実行されるので、この動作を繰り返します。

■ LCD に四角形や円を描く

LCDへの描画にはいろいろな関数が用意されています。次はLCDに四角形と円を描いてみます。

スケッチ3.5　RectCircle.ino

```
#include <M5Stack.h>

void setup() {
    M5.begin();  // M5Stack オブジェクトを初期化する

    M5.Lcd.fillRect(120, 140, 80, 30, WHITE);  // 四角形を塗りつぶす
    M5.Lcd.fillCircle(90, 80, 10, WHITE);      // 円を塗りつぶす
    M5.Lcd.fillCircle(230, 80, 10, WHITE);     // 円を塗りつぶす
}

void loop() {

}
```

　スケッチ3.5をビルドして、実行形式のファイルを作り、M5Stackに書き込んで実行すると、図3.16のようにLCDに四角形が1つ、円が2つ、表示されます。

図3.16　四角形と円を描く

　fillRect関数は、塗りつぶした四角形を描きます。パラメータとして四角形の左上の座標と、四角形の横幅、縦幅、塗りつぶす色を指定します。

図3.17 fillRect

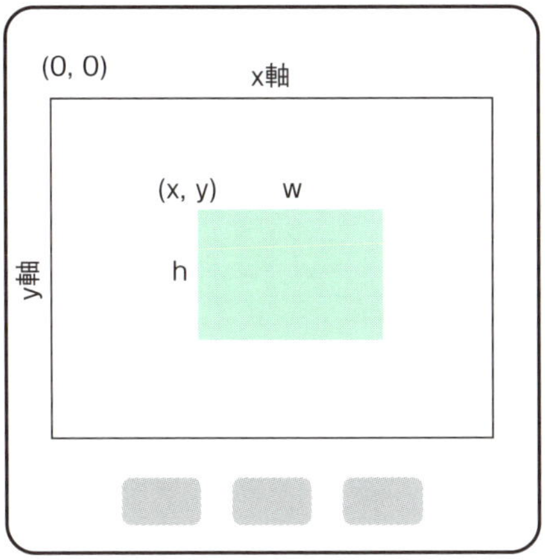

```
void M5.Lcd.fillRect(int16_t x, int16_t y, int16_t w, int16_t h, uint16_t
color);
```

説明 　四角の左上の座標（x, y）と、横幅w、縦幅h、色colorを指定して四角を塗りつぶす

パラメータ

- uint16_t x：四角の左上のx座標
- uint16_t y：四角の左上のy座標
- uint16_t w：四角の横幅
- uint16_t h：四角の縦幅
- uint16_t color：色

戻り値 　なし

例 　`M5.Lcd.fillRect(120, 140, 80, 30, WHITE);`

　塗りつぶさずに枠だけを描くときは、drawRect関数を使います。パラメータなどはfillRect関数と同じです。

```
void M5.Lcd.drawRect(int16_t x, int16_t y, int16_t w, int16_t h, uint16_t
color);
```

説明 　四角の左上の座標（x, y）と、横幅w、縦幅h、色colorを指定して四角を描く

　fillCircle関数は、塗りつぶした円を描きます。パラメータとして円の中心座標と、円の直径、塗りつぶす色を指定します。

図3.18 fillCircle

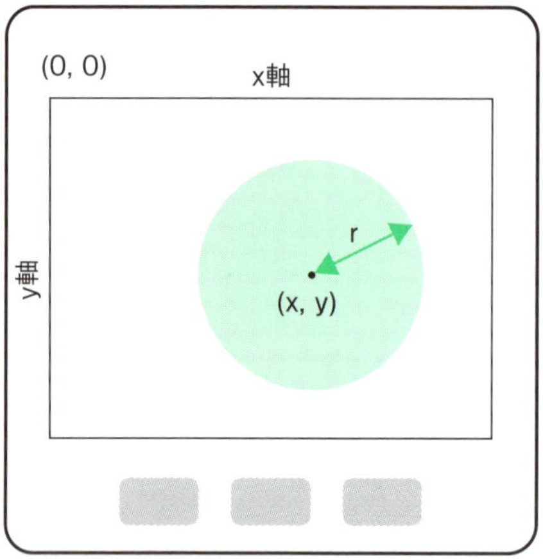

```
void M5.Lcd.fillCircle(int32_t x, int32_t y, int32_t r, uint32_t color);
```

説明 　円の中心座標（x, y）と、円の直径r、色colorを指定して円を塗りつぶす

パラメータ

- uint16_t x：円の中心のx座標
- uint16_t y：円の中心のy座標
- uint16_t r：円の直径
- uint16_t color：色

戻り値 　なし

例 　`M5.Lcd.fillCircle(90, 80, 10, WHITE);`

　塗りつぶさずに枠だけを描くときは、drawCircle関数を使います。パラメータなどはfillCircle
関数と同じです。

```
void M5.Lcd.drawCircle(int32_t x, int32_t y, int32_t r, uint32_t color);
```

説明 　円の中心座標（x, y）と、円の直径r、色colorを指定して円を描く

(2) M5Stackの画面に顔をつける

LCDに2つの円と四角を描くと、なんとなくM5Stackに顔がついたようになります。

M5StackのLCDに顔をつけて、喜んだり悲しんだりというように表情を変えたり、しゃべるのに合わせて口を動かしたりするアバターというスケッチがあります。このスケッチは、他のスケッチから呼び出して使えるライブラリになっていて、M5Stackユーザーの石川さんという方が作って公開しています。これをインストールして、M5Stackに顔をつけてみましょう。

ライブラリをインストールするには、ライブラリマネージャを立ち上げます。Arduino IDEの「ツール」メニューの「ライブラリを管理...」を選択すると、ライブラリマネージャが立ち上がります。

ライブラリマネージャの検索窓に「avatar」と入力すると、**図3.19**のように「M5Stack_Avatar by Shinya Ishikawa」というライブラリが見つかるので、「インストール」をクリックして、ライブラリをインストールします。

図3.19　M5Stack_Avatarライブラリをインストールする

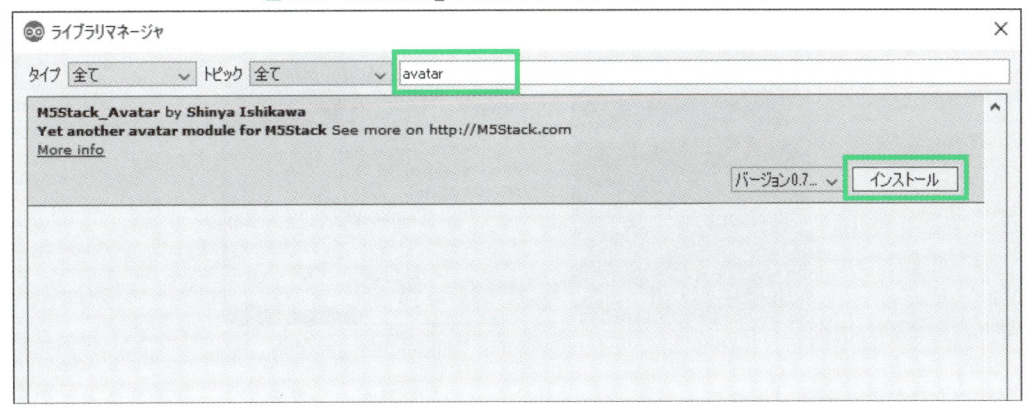

ライブラリをインストールすると、サンプルスケッチも一緒にインストールされます。Arduino IDEの「ファイル」メニュー→「スケッチ例」→「M5Stack_Avatar」→「face-and-color」を選択して、サンプルスケッチを読み込み、ビルドしてM5Stackに書き込んでみてください。

図3.20 M5Stack_Avatar サンプルスケッチ

HelloWorld | Arduino 1.8.9		─ □ ×

ファイル 編集 スケッチ ツール ヘルプ

新規ファイル	Ctrl+N		
開く...	Ctrl+O		
最近使った項目を開く		>	
スケッチブック		>	
スケッチ例		>	▲
閉じる	Ctrl+W		ESP32 Async UDP >
保存	Ctrl+S		ESP32 Azure IoT Arduino >
名前を付けて保存	Ctrl+Shift+S		ESP32 BLE Arduino >
			ESPmDNS >
プリンタの設定...	Ctrl+Shift+P		FFat >
印刷...	Ctrl+P		HTTPClient >
			HTTPUpdate >
環境設定	Ctrl+カンマ		NetBIOS >
			Preferences >
終了	Ctrl+Q		SD(esp32) >
			SD_MMC >
15			SimpleBLE >
16 }			SPI >
			SPIFFS >
			Ticker >
			Update >
			WebServer >
			WiFi >
			WiFiClientSecure >

カスタムライブラリのスケッチ例

Adafruit Circuit Playground		audio
Adafruit Si7021 Library		balloon
Adafruit TSL2561		basics
Ambient ESP8266 lib	>	face-and-color
M5Stack		set-position
M5Stack_Avatar	>	talk
▽		transform

　ふわふわと浮かぶ顔が現れます（**図3.21**）。M5Stackの3つのボタンを押すと、画面の色や顔の表情が変わる様子を見ることができます。

図3.21　M5Stackの表情を変える

M5Stack_Avatarライブラリの使い方は、後でボタンの扱い方と合わせて見ていきます。

（3）LCDに画像を表示する

LCDに画像を表示する方法はいくつかありますが、ここではmicroSDカードに保存されたJPEG画像を表示してみます。

画像は縦240ピクセル、横320ピクセルに表示されるので、あらかじめそのサイズのJPEG画像を用意して、microSDカードに書き込んでおきます。

図3.22　JPEG画像をmicroSDに書き込む

名前	更新日時	種類	サイズ
cat	2019/06/05 12:45	JPGファイル	13 KB

1個の項目

画像を書き込んだmicroSDカードをM5StackのmicroSDカードスロットに差し込みます。カチッという感触がするまでしっかり差し込んでください。

図3.23　microSDカードをM5Stackに差し込む

スケッチは簡単で、**drawJpgFile**という関数で、表示するファイル名と表示する座標を指定して
JPEG画像を表示します（**スケッチ3.6**）。

```
void M5.Lcd.drawJpgFile(fs::FS &fs, const char *path, uint16_t x = 0,
    uint16_t y = 0, uint16_t maxWidth = 0, uint16_t maxHeight = 0,
    uint16_t offX = 0, uint16_t offY = 0, jpeg_div_t scale = JPEG_DIV_NONE);
```
説明 ファイルシステムfsのファイル名pathのJPEG画像を座標（x, y）の位置に表示する

ファイル名は絶対パスで書く必要があり、microSDのルートフォルダ（一番上のフォルダ）にファ
イルを置いたら、「/ファイル名」というように「/」から記述します。

スケッチ3.6 jpeg.ino

```
#include <M5Stack.h>

void setup(){
    M5.begin();
    M5.Lcd.drawJpgFile(SD, "/cat.jpg", 0, 0);
}

void loop(){

}
```

図3.24 JPEG画像をLCDに表示する

(4) LCDに表示する関数のまとめ

LCDに文字や図形を表示する関数をまとめておきます。

表3.4　LCDへの表示にかかわる関数

関数	説明
void sleep();	ディスプレイを省エネモードに移行させる
void wakeup();	ディスプレイを省エネモードから復帰させる
void setBrightness(uint8_t brightness);	ディスプレイの明るさを設定する（brightness: 0 〜 255）
void fillScreen(uint16_t color);	画面を指定した色で塗りつぶす
void setTextColor(uint16_t color, [uint16_t backgroundcolor]);	文字の色や文字の背景色を引数で指定した色に設定する
void setCursor(uint16_t x, uint16_t y);	カーソルの位置を設定する
void setTextSize(uint8_t size);	文字サイズを設定する (size: 1 〜 7)
void drawPixel(int16_t x, int16_t y, [uint16_t color]);	指定した位置に指定色のピクセルを描画する
void drawChar(int32_t x, int32_t y, uint16_t c, uint32_t color, uint32_t bg, uint8_t size);	位置、文字色、背景色、サイズを指定して文字を表示する
void drawFastVLine(int32_t x, int32_t y, int32_t h, uint32_t color);	始点と長さ、色を指定して垂直な線を描く
void drawFastHLine(int32_t x, int32_t y, int32_t w, uint32_t color);	始点と長さ、色を指定して水平な線を描く
void drawLine(int16_t x0, int16_t y0, int16_t x1, int16_t y1, [uint16_t color]);	始点から終点まで色を指定して線を描く
void drawTriangle(int16_t x0, int16_t y0, int16_t x1, int16_t y1, int16_t x2, int16_t y2, [uint16_t color]);	3点を指定して三角形を描く
void fillTriangle(int16_t x0, int16_t y0, int16_t x1, int16_t y1, int16_t x2, int16_t y2, [uint16_t color]);	3点を指定して三角形を塗りつぶす
void drawRect(int16_t x, int16_t y, int16_t w, int16_t h, [uint16_t color]);	左上の点と幅、高さを指定して四角形を描く
void fillRect(int16_t x, int16_t y, int16_t w, int16_t h, [uint16_t color]);	左上の点と幅、高さを指定して四角形を塗りつぶす
void drawRoundRect(int16_t x, int16_t y, int16_t w, int16_t h, int16_t r, [uint16_t color]);	左上の点と幅、高さを指定して角の丸い四角形を描く
void fillRoundRect(int16_t x, int16_t y, int16_t w, int16_t h, int16_t r, [uint16_t color]);	左上の点と幅、高さを指定して角の丸い四角形を塗りつぶす
void drawEllipse(int16_t x0, int16_t y0, int32_t rx, int32_t ry, uint16_t color);	中心の点と幅、高さを指定して楕円を描く
void fillEllipse(int16_t x0, int16_t y0, int32_t rx, int32_t ry, uint16_t color);	中心の点と幅、高さを指定して楕円を塗りつぶす
uint16_t color565(uint8_t red, uint8_t green, uint8_t blue);	16ビットカラーデータに変換する
void setRotation(uint8_t r);	画面を回転させる
void invertDisplay(boolean i);	画面をネガポジ反転させる
void loadFont(String fontName, fs::FS &ffs);	独自フォントを読み込む
void unloadFont();	独自フォントの使用を止める
bool fontsLoaded();	独自フォントが読み込まれているか調べる
void drawString(const char *string, int32_t poX, int32_t poY, uint8_t font); void drawString(const String& string, int32_t poX, int32_t poY, uint8_t font);	位置とフォントを指定して文字列を表示する
void printf(" 書式指定 ",arg1⋯);	書式を指定して文字列を表示する
void print(" 表示する文字列 ");	文字列を表示する
void progressBar(int x, int y, int w, int h, uint8_t val);	進捗を示すバーを表示する

（続く）

表3.4 LCDへの表示にかかわる関数（続き）

関数	説明
void qrcode(const char *string, uint16_t x, uint16_t y, uint8_t width, uint8_t version); void qrcode(const String &string, uint16_t x, uint16_t y, uint8_t width, uint8_t version);	QRコードを生成する
void drawBitmap(int16_t x0, int16_t y0, int16_t w, int16_t h, const uint16_t *data); void drawBitmap(int16_t x0, int16_t y0, int16_t w, int16_t h, const uint16_t *data, uint16_t transparent);	ビットマップを描画する
void drawBmpFile(fs::FS &fs, const char *path, uint16_t x, uint16_t y);	ビットマップファイルを読み込み、描画する
void drawJpg(const uint8_t *jpg_data, size_t jpg_len, uint16_t x = 0, uint16_t y = 0, uint16_t maxWidth = 0, uint16_t maxHeight = 0, uint16_t offX = 0, uint16_t offY = 0, jpeg_div_t scale = JPEG_DIV_NONE);	JPEGデータを描画する
void drawJpgFile(fs::FS &fs, const char *path, uint16_t x = 0, uint16_t y = 0, uint16_t maxWidth = 0, uint16_t maxHeight = 0, uint16_t offX = 0, uint16_t offY = 0, jpeg_div_t scale = JPEG_DIV_NONE);	JPEGファイルを読み込み、描画する

（5）M5Stackのボタンを読む

M5Stackにはボタンが3つついています。左がボタンA、真ん中がボタンB、右がボタンCです。

図3.25 ボタン

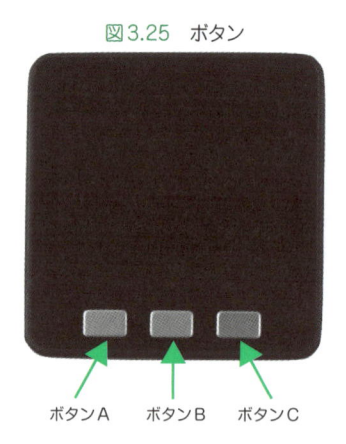

ボタンA　　ボタンB　　ボタンC

　ボタンの状態を読むには、定期的に**update**という関数を呼んで、ボタンの状態を更新しておきます。

```
void M5.update();
```

　説明　　ボタンA／B／Cの状態を更新する

　パラメータ　　なし

　戻り値　　なし

　例　　　M5.update();

すると、ボタンの状態を調べる **isPressed**（現在、ボタンが押されているか）、**wasPressed**（ボタンが押されたか）、**pressedFor**（指定した時間ボタンが押し続けられているか）といった関数が使えるようになります。

uint8_t M5.BtnA.isPressed();

- 説明　ボタンA ／ B ／ C が押されていれば1、押されてなければ0を返す
- パラメータ　なし
- 戻り値　ボタンが押されていれば1、押されてなければ0
- 例
```
if (M5.BtnA.isPressed()) {
    M5.Lcd.print("Button A is pressed.");
}
```

uint8_t M5.BtnA.wasPressed();

- 説明　ボタンA ／ B ／ Cが押されるたびに一度だけ1を返す
- パラメータ　なし
- 戻り値　ボタンが押されたことがあれば1、押されたことがなければ0
- 例
```
if (M5.BtnA.wasPressed()) {
    M5.Lcd.print("Button A was pressed.");
}
```

uint8_t M5.BtnA.pressedFor(int32_t ms);

- 説明　ボタンA ／ B ／ C が引数で指定した時間（ミリ秒）押し続けられたら1 、そうでなければ0を返す
- パラメータ
  - uint32_t ms：ボタンが押し続けられた時間（ミリ秒）
- 戻り値　ボタンが押されていれば1、押されてなければ0
- 例
```
if (M5.BtnA.pressedFor(2000)) {
    M5.Lcd.print("Button A was pressed for more than 2 seconds.");
}
```

表3.5　ボタンを操作する関数

関数	説明
uint8_t read();	ボタンの状態を読む
uint8_t isPressed();	最後にM5.Button.read()を呼び出したときのボタンの状態を返す
uint8_t wasPressed();	ボタンが押されたかを返す
uint8_t pressedFor(uint32_t ms);	引数で指定した時間以上ボタンが押し続けられたかを返す

■ **ボタンを押して、アバターの表情を変える**

では、ボタンを押して、アバターの表情を変えてみましょう。スケッチは**スケッチ3.7**のようになります。

スケッチ3.7　btnAvatar.ino

```
#include <M5Stack.h>
#include <Avatar.h>  // アバターライブラリを使うときは Avatar.h をインクルードする  ←①

using namespace m5avatar;

Avatar avatar;  // Avatar クラスの変数（オブジェクト）を定義  ←②

void setup() {
    M5.begin();

    avatar.init();  // avatar オブジェクトを初期化する  ←③
}

void loop() {
    M5.update();  // ボタンを使うときは、定期的に update() を呼ぶ  ←④
    if (M5.BtnA.wasPressed()) {                    // ボタンAが押されていたら、  ←⑤
        avatar.setExpression(Expression::Neutral);  // アバターの表情を「普通」にする  ←⑥
    }
    if (M5.BtnB.wasPressed()) {                    // ボタンBが押されていたら、
        avatar.setExpression(Expression::Happy);    // アバターの表情を「幸せ」にする
    }
    if (M5.BtnB.pressedFor(1000)) {                // ボタンBが1秒以上長押しされていたら、←⑦
        avatar.setExpression(Expression::Neutral);  // アバターの表情を「普通」にする
    }
    if (M5.BtnC.wasPressed()) {                    // ボタンCが押されていたら、
        avatar.setExpression(Expression::Angry);    // アバターの表情を「怒り」にする
    }
    if (M5.BtnC.pressedFor(1000)) {                // ボタンCが1秒以上長押しされていたら、
        avatar.setExpression(Expression::Neutral);  // アバターの表情を「普通」にする
    }
}
```

スケッチ3.7は、ボタンAが押されたらアバターの表情を「普通」に、ボタンBが押されたら「幸せ」に、ボタンCが押されたら「怒り」にします。ボタンB、ボタンCが1秒以上長押しされたら表情を「普通」に戻します。

アバターライブラリを使うときは、Avatar.h というヘッダファイルをインクルードします（①）。`using namespace m5avatar;`はアバターライブラリを使うときに必要なものだと思ってください。

アバターの状態を管理する**Avatar**というクラスの変数（オブジェクトといいます）を定義して（②）、オブジェクトを初期化します（③）。

ボタンの状態を読むために、定期的に**update**関数を呼びます（④）。ボタンAが押されていたことを**wasPressed**関数で調べ（⑤）、押されていたら、**setExpression**関数で表情を「普通」にしています（⑥）。バタンB、ボタンCについても同様です。

長押しを調べるには、長押しされた時間をミリ秒で指定して**pressedFor**を使います（⑦）。

図3.26　ボタンで表情を変更する

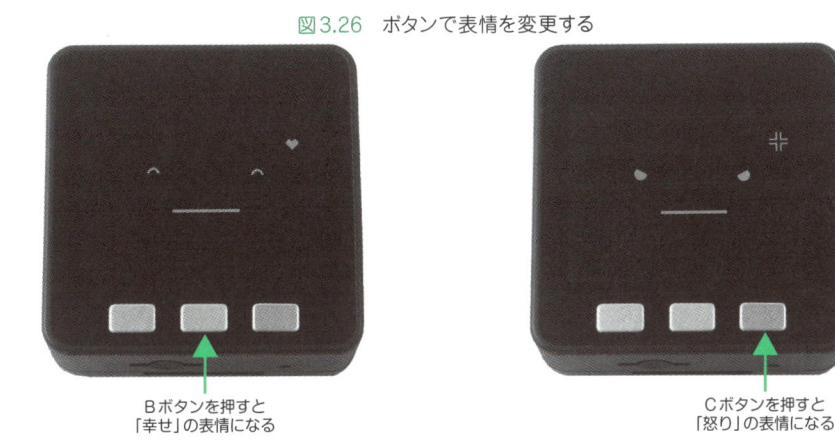

Bボタンを押すと
「幸せ」の表情になる

Cボタンを押すと
「怒り」の表情になる

（6）M5Stackのスピーカーを鳴らす

M5Stackにはスピーカーがついていて、音を出すための**M5.Speaker.beep**などのシステム関数が用意されています。

表3.6　スピーカーを操作する関数

関数	説明
void begin();	スピーカーを初期化する
void end();	スピーカーをミュートし、出力を終了する
void mute();	スピーカーをミュートする
void tone(uint16_t freq, [uint32_t duration]);	周波数と長さ（ミリ秒）を指定して音を出す
void setBeep(uint16_t freq, uint16_t duration);	beepで鳴らす音を設定する
void beep();	音を鳴らす
void setVolume(uint8_t volume);	音量を設定する（tone、beepの音量は変わらない）
void playMusic(const uint8_t *music_data, uint16_t sample_rate);	サンプリングした音を鳴らす

サンプルスケッチを見てみましょう。

```
#include <M5Stack.h>

void setup(){
    M5.begin();
}

void loop(){
    M5.update();   // ボタンを使うときは、定期的に update() を呼ぶ
    if (M5.BtnA.wasPressed()) {      // ボタンAが押されていたら、
        M5.Speaker.tone(262, 200);   // ドの音を0.2秒鳴らす
    }
    if (M5.BtnB.wasPressed()) {      // ボタンBが押されていたら、
        M5.Speaker.tone(330, 200);   // ミの音を0.2秒鳴らす
    }
    if (M5.BtnC.wasPressed()) {      // ボタンCが押されていたら、
        M5.Speaker.tone(392, 200);   // ソの音を0.2秒鳴らす
    }
}
```

スケッチ3.8は、ボタンAを押すと「ド」の音を0.2秒、ボタンBだと「ミ」を0.2秒、ボタンCだと「ソ」を0.2秒鳴らします。かなり大きな音が出るので、注意してください。

スピーカーを操作する関数を見るとsetVolumeという関数があり、音量をコントロールできそうなのですが、setVolumeはplayMusicという関数で音を出すときの音量しかコントロールできず、tone関数やbeep関数の音量は変えられません。

次の関数を使うと、音量を変更して音を出すことができます。

```
void beep(int freq, int duration, uint8_t volume);
```

（説明）　周波数 freq Hz の音を duration ミリ秒間、音量 volume で鳴らす

（パラメータ）

- int freq：音の周波数（Hz）
- int duration：音の長さ（ミリ秒）
- uint8_t volume：音量（0 ～ 255）

（戻り値）　なし

（例）　beep(440, 1000, 2);

beep関数の中身は次の第4章で解説しますが、使い方はスケッチ3.9のようになります。スケッチ3.9では、ボタンAが押されたら、440Hzの音を1秒間、音量2で鳴らします。音量は0 ～ 255の数値ですが、音量2でもしっかり聞こえる音が出ます。

スケッチ3.9　beep.ino

```
#include <M5Stack.h>

#define SPEAKER_PIN 25

void setup(){
    M5.begin();
}

void beep(int freq, int duration, uint8_t volume) {
    // freq(Hz), duration(ms), volume(1 〜 255)
    int t = 1000000 / freq / 2;
    unsigned long start = millis();
    while ((millis() - start) < duration) {
        dacWrite(SPEAKER_PIN, 0);
        delayMicroseconds(t);
        dacWrite(SPEAKER_PIN, volume);
        delayMicroseconds(t);
    }
    dacWrite(SPEAKER_PIN, 0);
}

void loop(){
    M5.update();  // ボタンを使うときは、定期的に update() を呼ぶ
    if (M5.BtnA.wasPressed()) {  // ボタンAが押されていたら、
        beep(440, 1000, 2);      // 440Hzの音を1秒鳴らす
    }
}
```

　M5Stackを操作するシステム関数は、M5Stackの公式サイトのArduino APIというページ（https://docs.m5stack.com/#/en/api）に解説があります。公式サイトは非常に速いペースで更新、変更されています。APIの解説については、原稿執筆時点（2019年8月）では英語と中国語のページしかありませんが、以前は日本語のページもありました。

3.3 まとめ

　第3章では、前半でArduinoプログラミングの基礎を学び、後半では、M5Stackの液晶画面に文字や図形を描いたり、ボタンの状態を読んだり、スピーカーから音を出したりしました。また、アバターというライブラリをインストールして、M5Stackに顔をつけ、表情を変えてみました。

　第4章では、M5StackにLEDをつないで制御したり、温度センサをつないで周囲の温度を測ったりと、電子工作の第一歩を始めます。

M5Stackで
電子工作してみよう
（基礎編）

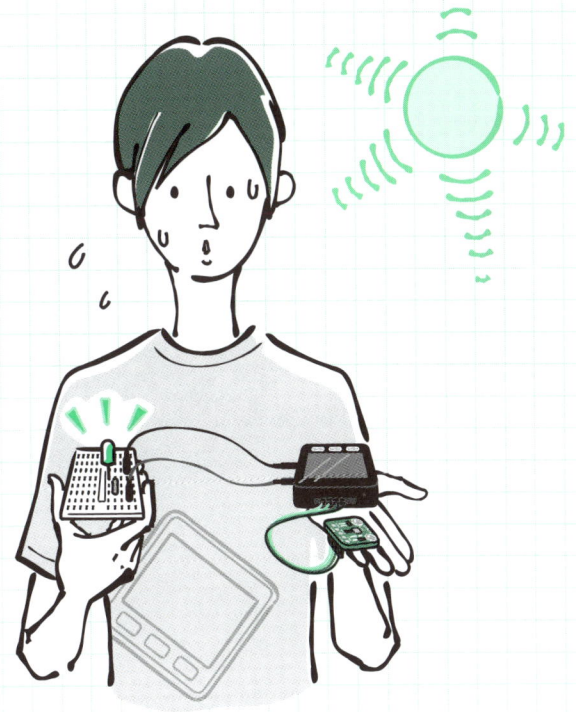

第3章では、Arduinoプログラミングの基礎を学び、M5Stackの液晶画面に字や図形を描いたり、ボタンの状態を読んだり、スピーカーから音を出したりしました。また、アバターというライブラリをインストールして、M5Stackに顔をつけ、表情を変えてみました。

本章では、最初に電子工作に必要になる基礎知識と道具類について学び、その後、M5StackにLEDをつないで点滅させたり、温度センサをつないで周囲の温度を測ったりと、電子工作の第一歩を始めます。

 4.1 電子工作の基礎知識

（1）アナログとデジタル

コンピュータは0と1のデジタル信号で動いているという話を聞いたことがあると思います。いくつかの例外はありますが、ほとんどのコンピュータはデジタル信号で動いています。M5Stackに搭載された**ESP32**というマイコンも例外ではありません。

一方、現実世界は、例えば今の気温が25.2℃といったように、連続的な値（アナログ値）で表現されます。センサは現実世界の値を電気信号に変えて、コンピュータが扱えるようにしますが、このとき、電圧値のようなアナログ信号に変換するものと、0と1で表されるデジタル信号に変換するものがあります。前者を**アナログセンサ**、後者を**デジタルセンサ**といいます。

図4.1　アナログ温度センサ、ADコンバータ、デジタル温湿度センサ

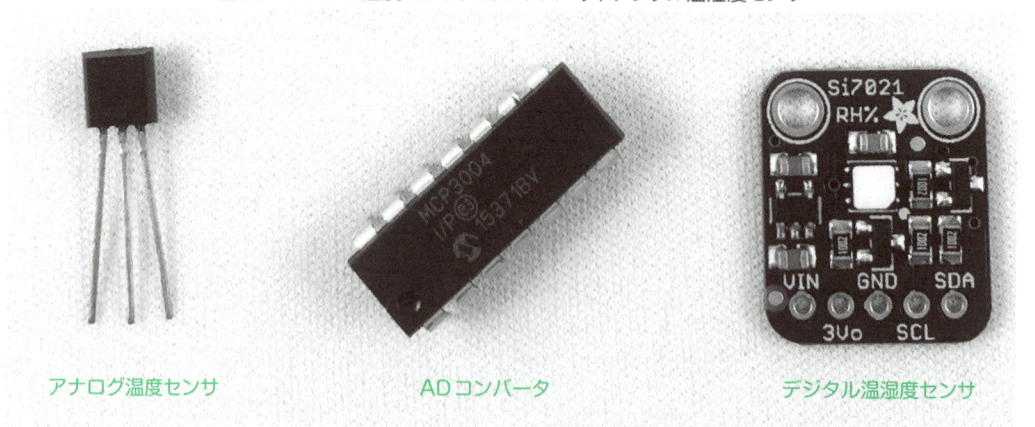

アナログ温度センサ　　　　　ADコンバータ　　　　　デジタル温湿度センサ

例えばアナログ温度センサ（**図4.1左**）の場合、周囲の温度が10℃だったら0.1V、20℃だったら0.2Vといったように、温度に比例した電圧を出力します。電圧値はまだアナログ情報なので、直接コンピュータが扱えません。そこでアナログ情報をデジタル信号に変換する**AD**（アナログ・デジタル）**コンバータ**というものを使い、デジタル信号に変換して、コンピュータで扱えるようにします。

ADコンバータは**図4.1中央**のように独立した部品のものもありますし、マイコンに内蔵されたものもあります。

一方、デジタル温湿度センサ（**図4.1右**）は、周囲の温度をデジタル信号に変換してくれるので、直接マイコンに入力できます。

図4.2　アナログの値を扱う

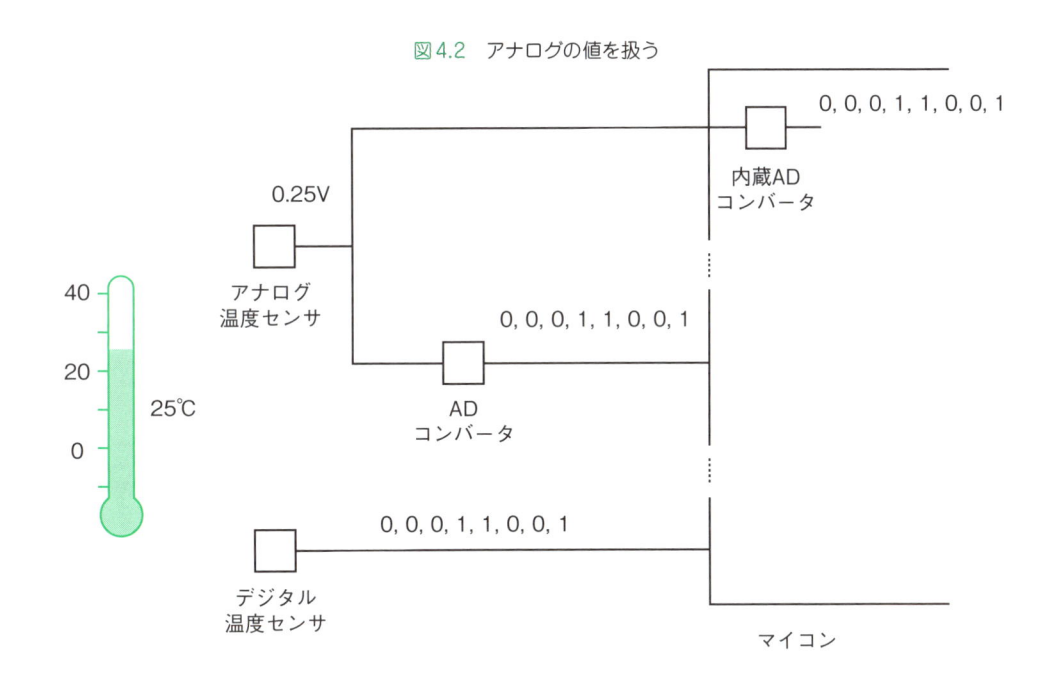

このように、アナログ値で表される現実世界の情報をコンピュータで扱うためには、アナログセンサとADコンバータを使う方法と、デジタルセンサを使う方法があります。

（2）電圧・電流・抵抗の関係

電圧・電流・抵抗の関係を表す**オームの法則**というものがあります。

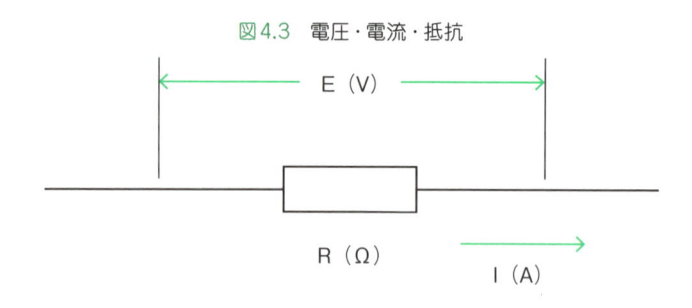

図4.3 電圧・電流・抵抗

これは、Rオーム（Ω）の抵抗にEボルト（V）の電圧を加えると、Iアンペア（A）の電流が流れるという関係で、次の式で表されます。

$$E(V) = I(A) \times R(\Omega)$$

例えば、220オーム（Ω）の抵抗に3.3ボルト（V）の電圧を加えると、15ミリアンペア（mA）の電流が流れます。

$$I = E / R = 3.3V / 220\Omega = 0.015A = 15mA$$

本書ではいくつかの電子工作をしますが、この電圧・電流・抵抗の関係は覚えておくとよいでしょう。

 ## 4.2　電子工作にあると便利なもの

（1）共通に使う部品

M5Stackは、本体にセンサなどの電子部品を直接挿せるソケットや、Groveポートがあるため、簡単なものならM5Stackと電子部品だけで作ることもできます。

ただし、少し部品点数が増えたときには、**ブレッドボード**や**ジャンパワイヤ**があると便利です。

■ ブレッドボード

ブレッドボードは、マイコンやセンサなどを使って電子工作をするときに土台になるものです。もともとは「パンを切るまな板」という意味ですが、電子工作の世界では電子回路を作るための基板のことを指します。

ブレッドボードにはいろいろなサイズのものがありますが、本書では小さいものと普通サイズのものを使います（**図4.4**）。

図4.4　ブレッドボード

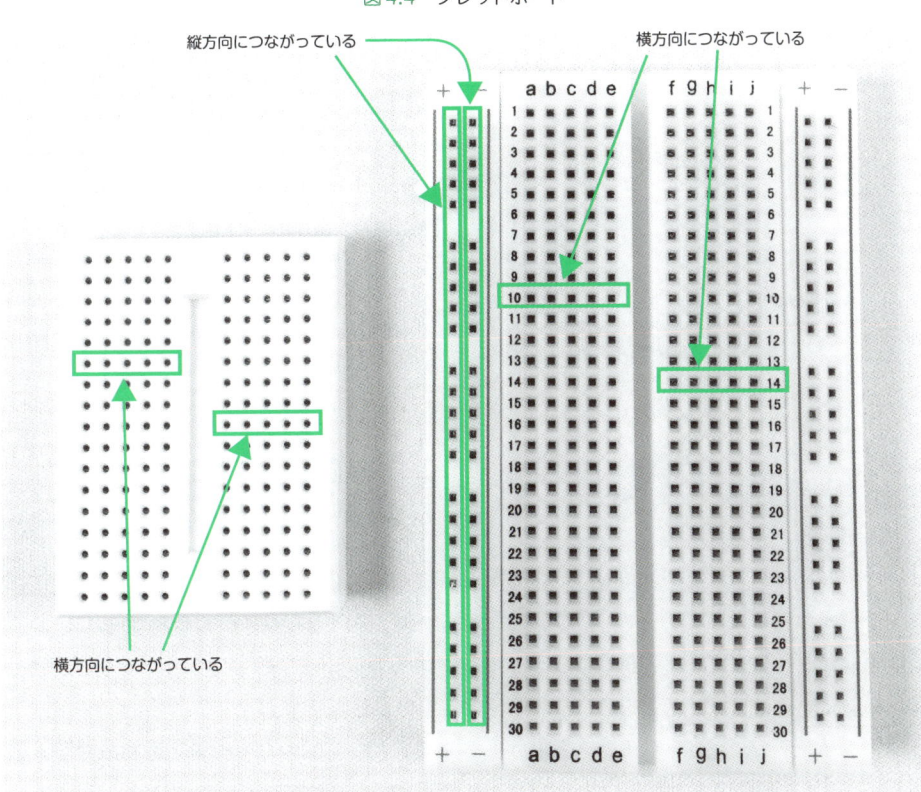

小さいブレッドボードは、**図4.4**の横方向の穴が1列ごとに相互につながっています。普通サイズのブレッドボードは、**図4.4**の横方向の穴が1列ごとにaからeまでと、fからjまでつながっていて、さらに、両端の＋（赤）と－（青）が書かれた列の穴は縦方向につながっています。使い方は決められていませんが、赤の列を電源に、青の列をグランドに使うと便利です。

ブレッドボードの穴には、部品や線材を挿して使います。はんだ付けをしなくても回路を構成できるので、何度でも部品や配線を変更でき、電子工作ではとても便利です。

■ ジャンパワイヤ

ジャンパワイヤ（**図4.5**）は電子工作で使う線材です。

図4.5　ジャンパワイヤ

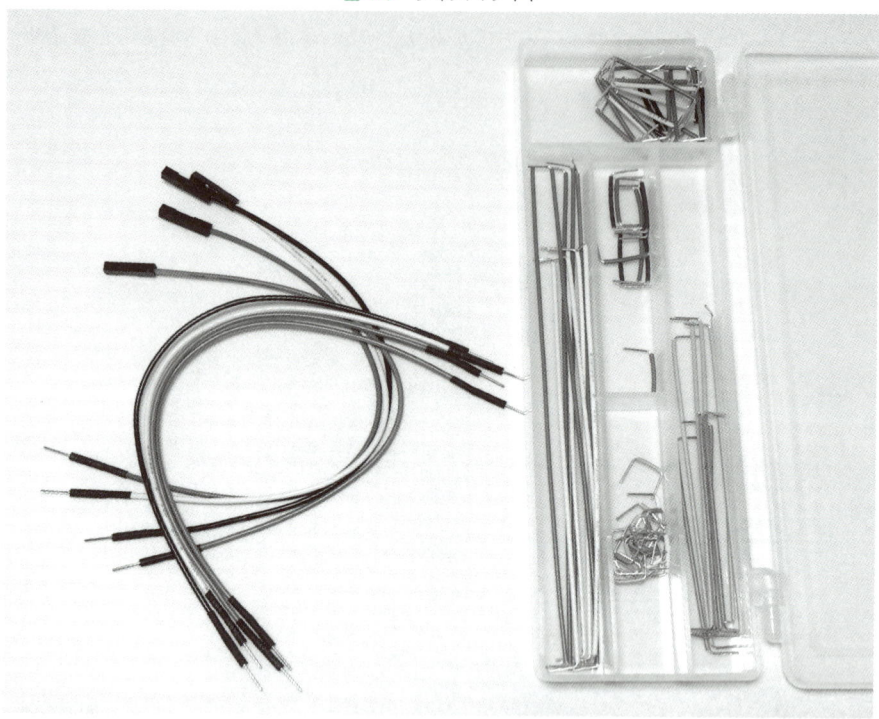

　ジャンパワイヤには柔らかいもの（**図4.5左**）と硬いもの（**図4.5右**）があります。さらに、柔らかいものには両端がブレッドボードに挿せるようになっているオスーオスのもの、センサなどが挿せるように穴があいているメスーメスのもの、オスーメスのものがあります。

　柔らかいジャンパワイヤは、線の抜き差しがしやすいので、実験中など頻繁に回路を変更するときに便利です。簡単な回路であれば、ブレッドボードを使わずに、M5Stackとセンサモジュールを直接柔らかいジャンパワイヤでつないで回路を構成することもできます。硬いジャンパワイヤはブレッドボードに挿して使います。ある程度回路が決まってきて、半固定的に使いたい場合に便利です。

(2) 道具類

本書の電子工作では、ラジオペンチ、ニッパ、精密ドライバ、ピンセット、テスタを使いました。

図4.6　あると便利な道具類

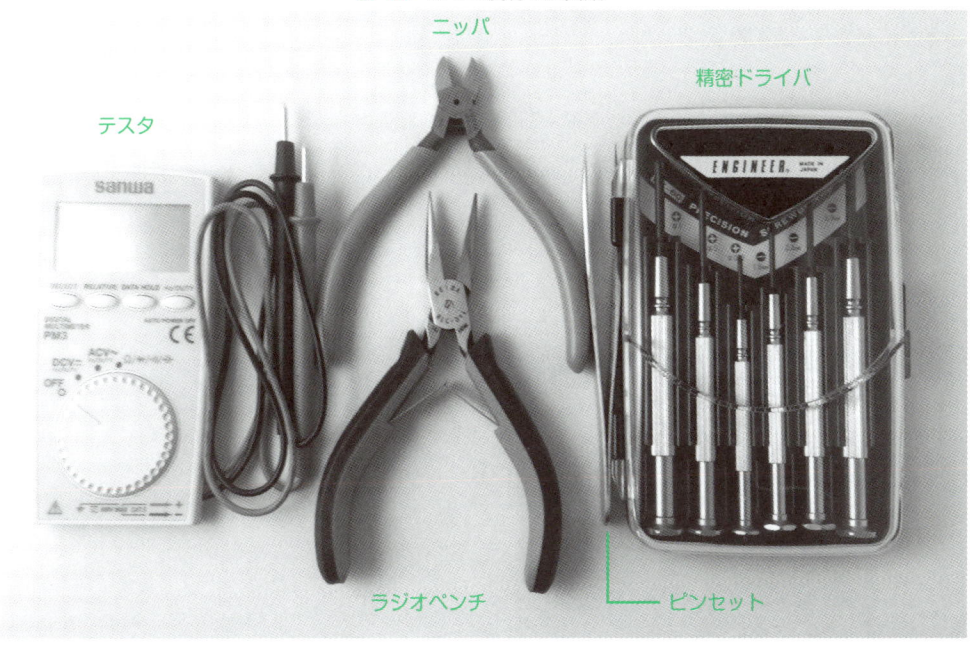

ラジオペンチは抵抗などをブレッドボードに挿すために足を直角に曲げるときなどに便利です。ニッパは抵抗の足など細いものを切るときに使います。精密ドライバはサーボモーターのネジ止めなど、小さいネジを回すときに利用します。ピンセットは細かな部品を掴むときに便利です。

M5Stack で電子工作してみよう（基礎編）

4

 ## 4.3 M5Stackのピン配置

M5Stack BasicとGrayは、ボトムモジュールの上下左右にセンサなどがつなげられるピンとソケットがあります（**図4.7**）。

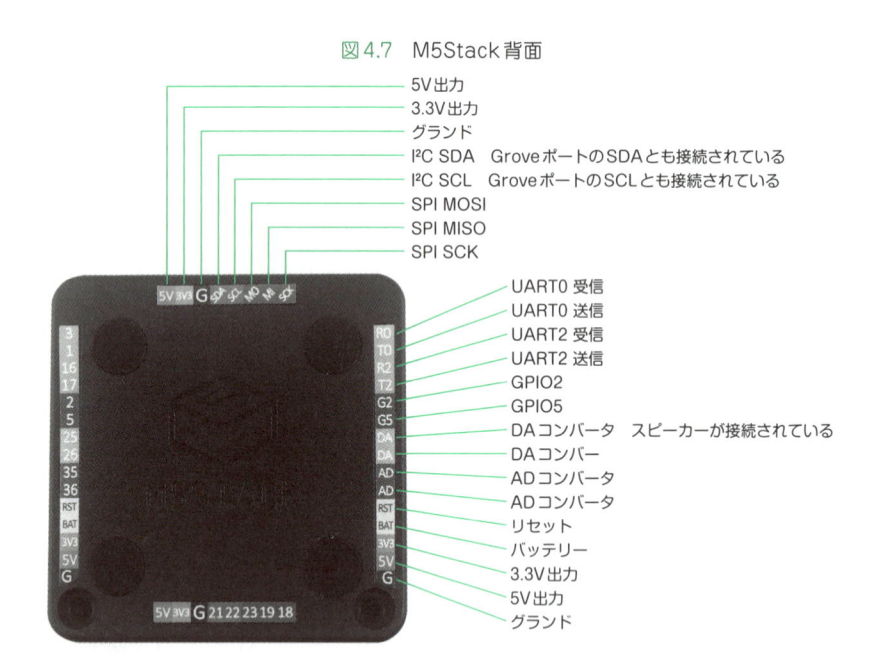

図4.7 M5Stack背面

- 5V出力
- 3.3V出力
- グランド
- I²C SDA Grove ポートのSDAとも接続されている
- I²C SCL Grove ポートのSCLとも接続されている
- SPI MOSI
- SPI MISO
- SPI SCK

- UART0 受信
- UART0 送信
- UART2 受信
- UART2 送信
- GPIO2
- GPIO5
- DAコンバータ スピーカーが接続されている
- DAコンバー
- ADコンバータ
- ADコンバータ
- リセット
- バッテリー
- 3.3V出力
- 5V出力
- グランド

上のソケットと下のピン、左のソケットと右のピンは、それぞれ向かい合うピンとソケットに同じ信号がつながっていて、それぞれのピンに**図4.7**に示した機能があります。例えば左上の「3」と右上の「R0」は同じ信号線がつながっています。左側はGPIOのピン番号（GPIO3）を表示し、右側は使い方（UART0の受信Receive）の略号を表示しています。上下も同様です。

- **上下のピンの機能**
  - 上下のピン・ソケットの5V出力、3.3V出力は、それぞれ5V、3.3Vの電源が出力されていて、センサなどの電源として使えます。
  - I²CとSPIは、それぞれマイコンとセンサなどがコマンドやデータをやり取りするための通信方法です。使い方は、この後で解説します。
- **左右のピンの機能**
  - 左右のピン・ソケットのUART0、UART2は、シリアル通信でセンサなどと通信するための送受信の信号線です。

- GPIO2、GPIO5は汎用のデジタル入出力（GPIO）ピンです。
- DAコンバータはデジタル値をアナログ電圧に変換して出力する機能です。25と書かれているほうにはスピーカーが接続されています。
- ADコンバータはアナログ電圧をデジタル値に変換する内蔵ADコンバータにつながっています。
- リセットはM5Stackをリセットする端子、バッテリーは外部バッテリーをつなぐ端子です。
- 5V出力、3.3V出力、グランドは、上下のピン・ソケットと同じです。

 ## 4.4　LED を光らせる

　第3章ではArduinoスケッチでM5Stackの液晶画面（LCD）やボタンを制御しましたが、まだM5Stackの中のものを扱っていました。

　本章ではいよいよ、M5Stackに電子部品をつなぎ、M5Stackの外の世界を制御します。最初はLEDをつないで、光らせてみましょう。これはLEDをチカチカさせることから、電子工作の世界では「**Lチカ**（エルチカ）」と呼ばれる、電子工作の第一歩です。

（1）M5Stackを使ってLEDを光らせる

　LEDはLight Emitting Diodeの略で**発光ダイオード**と呼ばれます。電子工作で使われるLEDの多くは**図4.8**のような形をしています。図の一番右が回路図の記号です。

図4.8　LED

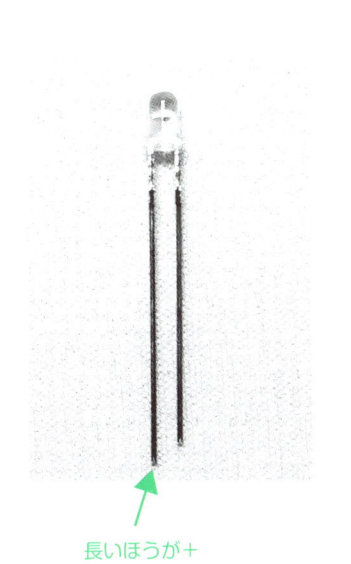
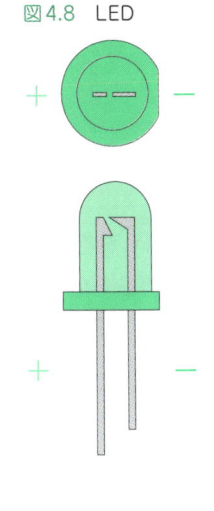
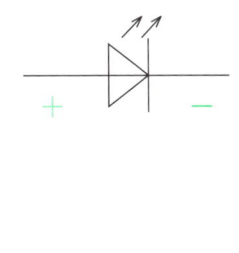

長いほうが＋

LEDには2本の足があり、長いほうがプラス、短いほうがマイナスです。LEDのように、プラスとマイナスが決まっている電子部品を「極性がある」といいます。LEDのプラス側からマイナス側に電流を流すとLEDが光ります（**図4.9a**）。

　M5Stackの汎用デジタル入出力（GPIO）ピンは、Arduinoスケッチで`HIGH`に設定すると3.3Vが出力され、`LOW`にすると0Vになります。LEDのプラス側をM5StackのGPIOピンにつなぎ、そのピンを`HIGH`にすれば、LEDのプラス側に3.3Vが加わり、LEDが光ります（**図4.9b**）。`LOW`にすれば光りません（**図4.9c**）。

図4.9　LEDを光らせる

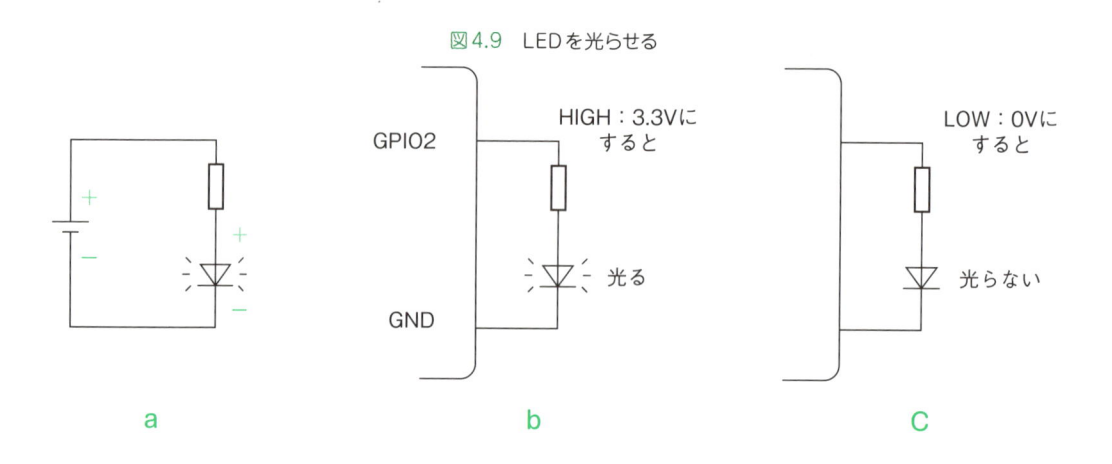

　LEDの種類にもよりますが、本書で使うLEDは標準で20mA程度の電流で動作します。LEDのプラス側からマイナス側への抵抗値はとても小さいので、LEDだけをM5StackのGPIOピンにつなぐと過大な電流が流れてしまいます。そこで**図4.9**のように、LEDとM5Stackの間に抵抗を入れます。

　3.3Vが加わったときに20mAの電流が流れる抵抗の値は、オームの法則を使って求められます。

```
R = E / I = 3.3V / 20mA = 165Ω
```

　165Ω以上の抵抗値なら抵抗とLEDを流れる電流は20mA以下になります。一般に売られている抵抗で165Ω以上のものとして、220Ωの抵抗を使うことにします。

　抵抗を見ると、**図4.10**のように4本、または5本の色が印刷されています。これは**カラーコード**といい、色で抵抗の値を表しています。例えば赤・赤・茶・金と印刷されていたら、$22 \times 10^1 = 220Ω$で、許容差が±5%の抵抗を示しています。

図4.10　抵抗のカラーコード

赤（2）赤（2）茶（1）金　→　$22×10^1＝220Ω$　（許容差：±5%）

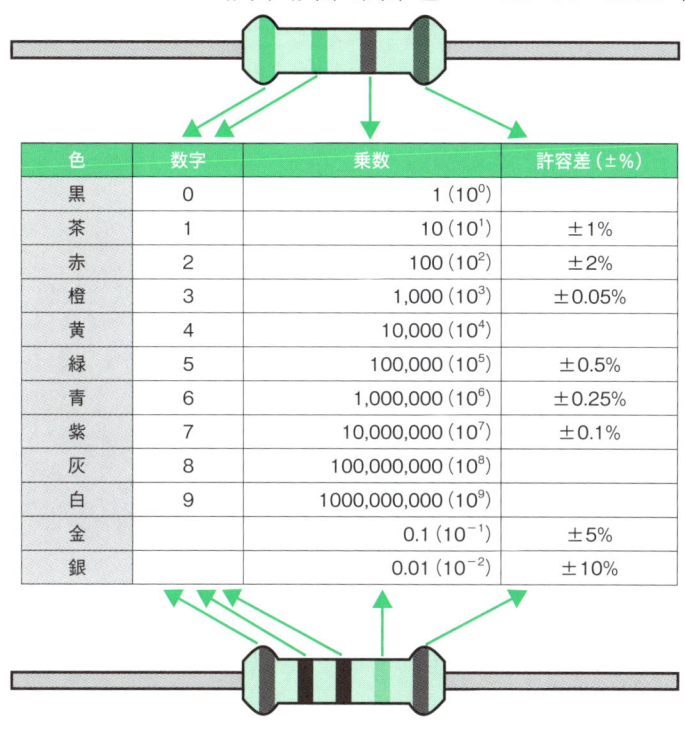

色	数字	乗数	許容差（±%）
黒	0	$1 (10^0)$	
茶	1	$10 (10^1)$	±1%
赤	2	$100 (10^2)$	±2%
橙	3	$1,000 (10^3)$	±0.05%
黄	4	$10,000 (10^4)$	
緑	5	$100,000 (10^5)$	±0.5%
青	6	$1,000,000 (10^6)$	±0.25%
紫	7	$10,000,000 (10^7)$	±0.1%
灰	8	$100,000,000 (10^8)$	
白	9	$1000,000,000 (10^9)$	
金		$0.1 (10^{-1})$	±5%
銀		$0.01 (10^{-2})$	±10%

■ 回路を組み立てる

図4.9の回路を小さいブレッドボードを使って**図4.11**のように組み立てます。

図4.11　M5StackにLEDをつなぐ

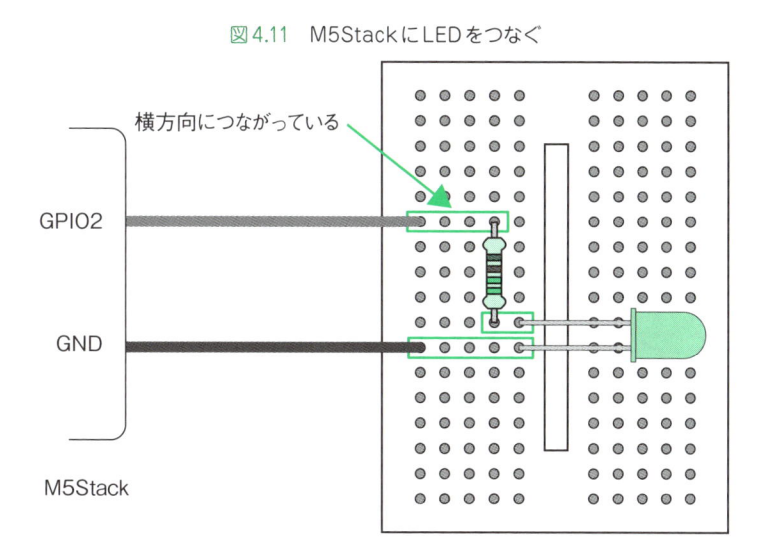

横方向につながっている

GPIO2

GND

M5Stack

M5Stackの「2」と書かれたソケットと小さいブレッドボードをジャンパワイヤでつなぎ、同じ列に220Ωの抵抗の一端を挿し込みます。抵抗に極性はありませんので、どちらをつないでも大丈夫です。抵抗の反対側と同じ列にLEDのプラス側（線の長いほう）をつなぎます。さらにLEDのマイナス側と同じ列とM5Stackの「G」と書かれたソケットをジャンパワイヤでつなぎます。これで回路はできあがりです。

図4.12　M5StackにLEDをつないだところ

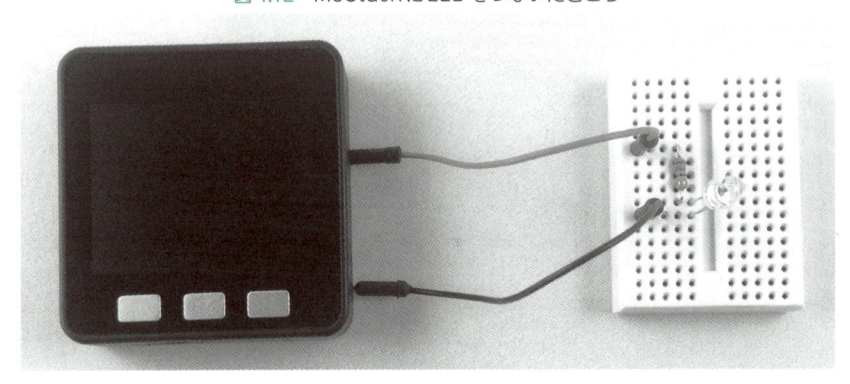

　ジャンパワイヤの代わりに、M5Stackに同梱されている10芯プロトワイヤを使ってM5Stackとブレッドボードをつなぐこともできます。

■ LEDを光らせるスケッチ

　抵抗とLEDを汎用デジタル入出力（GPIO）の2番ピンにつないでいるので、GPIO2の出力を交互にHIGHとLOWにすることで、LEDを点滅させます。
　スケッチは次のようになります。

スケッチ4.1　Lchika.ino

```
#include <M5Stack.h>

#define LED_PIN 2   ←①

void setup() {
    M5.begin();                  // M5Stackを初期化する
    pinMode(LED_PIN, OUTPUT);    // GPIO2を出力モードに設定する  ←②
}

void loop() {
    digitalWrite(LED_PIN, HIGH);  // GPIO2の出力をHIGHにする   ←③
    delay(500);                   // 0.5秒待つ
```

```
    digitalWrite(LED_PIN, LOW);    // GPIO2の出力をLOWにする    ←④
    delay(500);                    // 0.5秒待つ
}
```

スケッチ4.1をArduino IDEに入力しましょう。

Arduino IDEを立ち上げて、ツールバーの左から3番目の「新規ファイル」ボタンをクリックします。「sketch_jun27a」といったスケッチ名のウィンドウが新たに立ち上がるので、「ファイル」メニュー→「名前を付けて保存」を選択し、分かりやすい名前（「Lchika」など）をつけて保存します。

図4.13　新規ファイルに名前を付ける

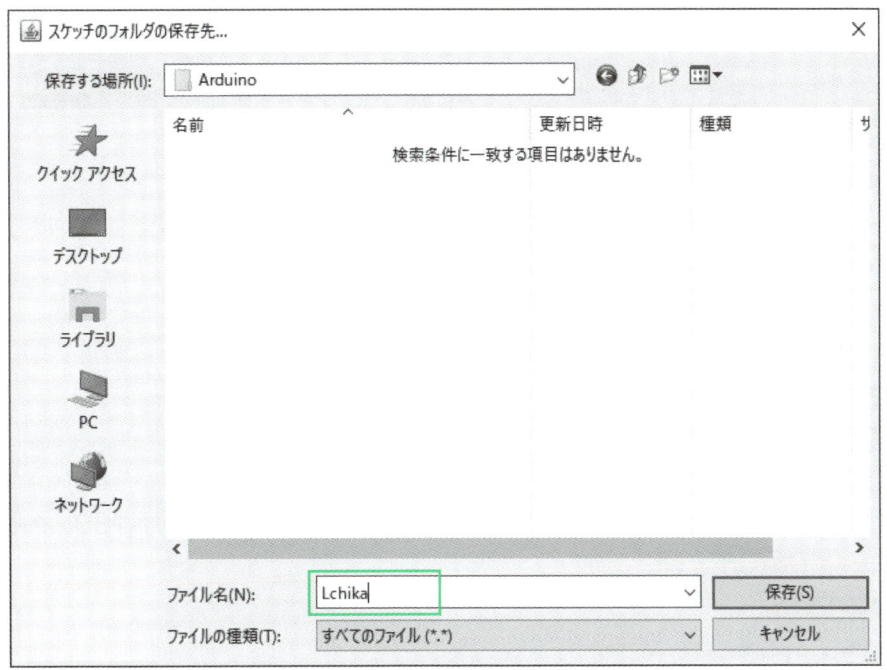

エディタ領域に**スケッチ4.1**を入力します。スケッチを、空白も含めて、全て半角で入力してください。「//」から行の末尾まではコメントですので、入力しても、入力しなくても構いません。行の先頭に複数文字の空白（インデント）を入力する場合は、タブキーを押しても構いません。

スケッチを入力したら、M5StackをUSBケーブルでパソコンにつなぎ、「マイコンボードに書き込む」ボタンをクリックして、ビルドしてM5Stackに書き込みます。

しばらくすると、ビルドと書き込みが完了して、LEDが0.5秒ごとに点いたり消えたりするはずです。初めてのLチカの成功です！

図4.14　Lチカ成功！

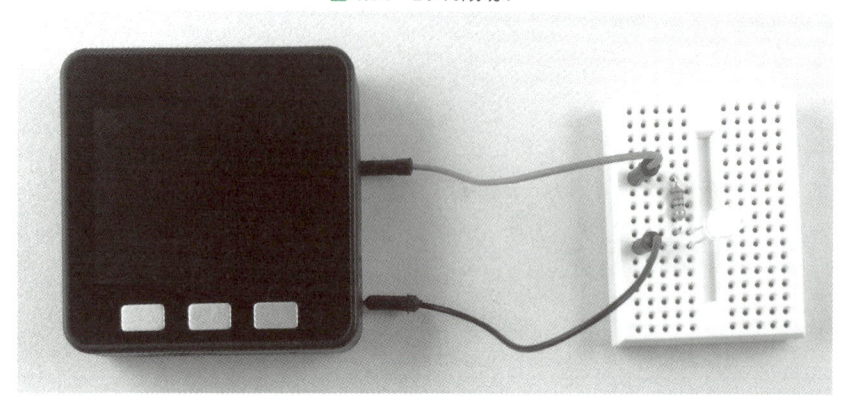

うまくいかなかったら、M5Stackのソケットの位置、LEDの向きを確認してみてください。

■ 汎用デジタル入出力（GPIO）ピンの制御

汎用デジタル入出力（GPIO）ピンは、次のように扱います。まず、**pinMode**関数で、GPIOピンの動作モードを設定します。

```
void pinMode(uint8_t pin, uint8_t mode);
```
> 【説明】 pinの動作モードをmodeに設定する
>
> 【パラメータ】
> - uint8_t pin：ピン番号
> - uint8_t mode：動作モード。INPUT（入力）、OUTPUT（出力）、INPUT_PULLUP（プルアップ付き入力）が指定できる
>
> 【戻り値】 なし
>
> 【例】 pinMode(2, OUTPUT);

動作モードには**INPUT**（入力）、**OUTPUT**（出力）、**INPUT_PULLUP**（プルアップ付き入力）があります。ここではLEDを制御するために信号を出力するので、**OUTPUT**を指定します。

次に**digitalWrite**関数で、出力モードに設定したGPIOピンの出力を**HIGH**（3.3V）、または**LOW**（0V）に設定します。

```
void digitalWrite(uint8_t pin, uint8_t value);
```
> 【説明】 pinの出力をHIGHまたはLOWにする

パラメータ
- uint8_t pin：ピン番号
- uint8_t value：出力する値。HIGHかLOWが指定できる

戻り値 なし

例 `digitalWrite(2, HIGH);`

■ スケッチの解説

　では、スケッチを見ていきましょう。①の #define は LED_PIN という名前が 2 だと定義しています。このように定義しておくと、`pinMode(LED_PIN, OUTPUT);` と書いたときに `pinMode(2, OUTPUT);` と書いたのと同じになります。2 に LED_PIN という名前をつけることで、スケッチの意味が分かりやすくなります。また、何かの理由で GPIO2 の代わりに GPIO5 を使うことになったときに、数字のままだとスケッチを 3 ヶ所直さなくてはなりませんが、#define を使って定義しておくと、#define 文の行だけを直せばすみます。

　setup 関数では、pinMode 関数で GPIO2 を出力モード（OUTPUT）に設定しています（②）。

　loop 関数では、digitalWrite 関数で GPIO2 を HIGH にします（③）。GPIO2 の電圧が 3.3V になり、LED が点きます。delay 関数で 0.5 秒待つので、0.5 秒間 LED が点いたままになります。次に再び digitalWrite 関数を使って GPIO2 を LOW にします（④）。GPIO2 の電圧が 0V になり、LED が消え、0.5 秒間 LED が消えます。

　loop 関数は繰り返し実行されるので、LED の点滅が繰り返されます。

(2) LED の明るさを変える

　LED は加える電圧を変えると明るさが変化します。そこで、M5Stack につないだ LED の明るさを変えてみましょう。

　digitalWrite は HIGH（3.3V）か LOW（0V）しか指定できず、好きな電圧を出力することはできません。0V から 3.3V までの中間の電圧（アナログ値）を出力するには、**DA（デジタル・アナログ）コンバータ** という機能を使います。

　ESP32 には DA コンバータが 2 個内蔵されていて、それぞれ 25 番ピンと 26 番ピンにつながっています。25 番ピンは M5Stack のスピーカーにも接続されているので、ここでは 26 番ピンを使って LED の明るさを制御します。先程の回路で、抵抗につなぐピンを M5Stack の「2」から「26」に変えます。

　DA コンバータの制御には dacWrite という関数を使います。

　`void dacWrite(uint8_t pin, uint8_t value);`

説明 pin に value に対応したアナログ電圧を出力する

- uint8_t pin：ピン番号（25 か 26）
- uint8_t value：デジタル値（0 ～ 255）

　なし

　　dacWrite(26, 128);

dacWrite は、value の値を 0 にすると pin に 0V の電圧が出力され、値を 255 にすると 3.3V が出力されます。

スケッチは次のようになります。

スケッチ 4.2　dac.ino

```
#include <M5Stack.h>

#define DAC 26

void setup() {
    M5.begin();  // M5Stack を初期化する
}

void loop() {
    for (int i = 0; i < 256; i += 10) {
        dacWrite(DAC, i);  // 26番ピンにアナログ電圧を出力する
        delay(100);
    }
}
```

このスケッチをビルドして動かすと、LED がじわじわと明るくなって消えるというループを繰り返すことが確認できます。

for 文で i の値を 0 から 255 まで 10 ずつ増やしていきます。dacWrite の第 2 引数も i なので、0 から 255 まで増加します。それに対応して、26 番ピンの電圧が 0V から 3.3V に変化し、LED が徐々に明るくなっていきます。

図4.15　dacWriteでLEDの明るさを制御

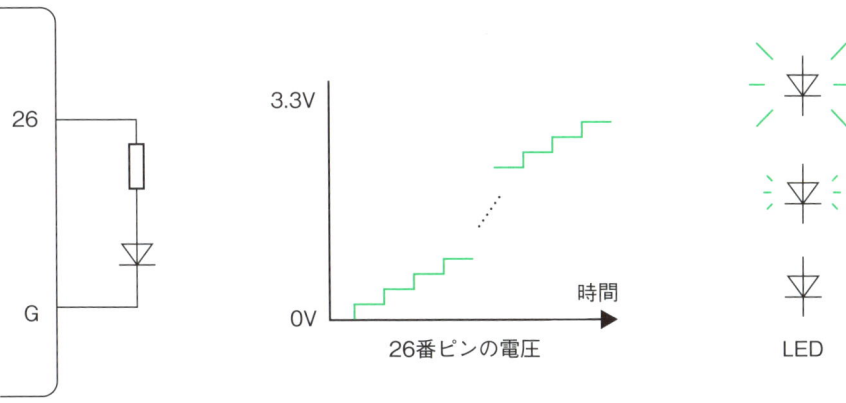

beep 関数の解説

DAコンバータを制御するdacWrite関数が出てきたので、第3章のbeep関数をもう一度見て
みましょう。

スケッチ4.3　beep関数

```
#define SPEAKER_PIN 25

void beep(int freq, int duration, uint8_t volume) {
    // freq(Hz), duration(ms), volume(1 ～ 255)
    int t = 1000000 / freq / 2;              ←①
    unsigned long start = millis();          ←②
    while ((millis() - start) < duration) {  ←③
        dacWrite(SPEAKER_PIN, 0);            ←④
        delayMicroseconds(t);                ←⑤
        dacWrite(SPEAKER_PIN, volume);       ←⑥
        delayMicroseconds(t);                ←⑦
    }
    dacWrite(SPEAKER_PIN, 0);
}
```

ESP32に2個内蔵されているDAコンバータの1つが25番ピンにつながり、スピーカーに接
続されています。この25番ピンの電圧を一定の周期で、0Vと指定した電圧に交互に切り替えるこ
とで、周期に対応した高さで、電圧にコントロールされた大きさの音が出ます（**図4.16**）。

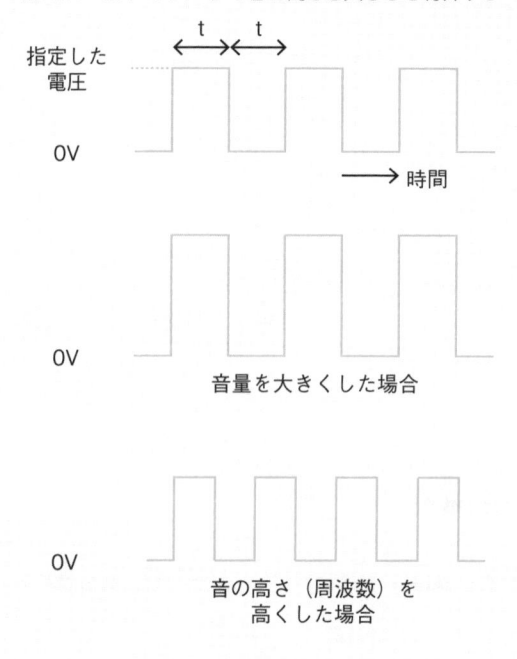

図4.16　DAコンバータで音の高さと大きさを制御する

鳴らす音の高さが例えば400Hzの場合、周期は1/400秒、つまり1,000,000/400マイクロ秒になります（①）。その半分の時間だけ、0Vと指定した電圧を交互に出力すれば、400Hzの音が出ます（④、⑥）。

delayMicroseconds関数はマイクロ秒待つシステム関数です（⑤、⑦）。

```
void delayMicroseconds(unsigned long us);
```
　（説明）　引数usで指定した時間（マイクロ秒）待つ
　（パラメータ）
　　● unsigned long us：待つ時間（マイクロ秒）
　（戻り値）　なし
　（例）　　delayMicroseconds(50);

beepという関数は指定した周波数の音を、指定した音量で、指定した時間、鳴らします。音を鳴らす時間を制御しているのが②、③の部分です。

millisというシステム関数は、プログラムが動き出してからの経過時間をミリ秒単位で返す関数です。

```
unsigned long millis();
```

> 説明　プログラムが動き出してからの経過時間をミリ秒単位で返す

> パラメータ　なし

> 戻り値　経過時間（ミリ秒）

> 例　`unsigned long t = millis();`

②で音を鳴らし始める先頭の時間を`millis`関数を使って取得しておき、③で`while`ループを回るごとに先頭の時間からの経過時間を測ることで、指定した時間`while`ループの中の処理を繰り返します。

これは指定した時間だけある処理を繰り返すときによく使うコーディングなので、覚えておくとよいでしょう。

```
unsigned long start = millis();          // 先頭の時間を記録する
while ((millis() - start) < duration) {
    // 先頭からの経過時間が duration 未満なら処理を続ける
}
```

(3) LEDをM5Stackのボタンで制御する

次に、LED を M5Stack のボタンでオン、オフしてみましょう。

左のボタン（ボタンA）を押したら LED をオンに、真ん中のボタン（ボタンB）を押したら LED をオフに、右のボタン（ボタンC）を押したらオン／オフを切り替えるようにします。

スケッチは次のようになります。

スケッチ4.4　btnled.ino

```
#include <M5Stack.h>

#define LED_PIN 2

void setup(){
    M5.begin();
    pinMode(LED_PIN, OUTPUT);   // GPIO2 を出力モードに設定する
}

int led = HIGH;   // LEDの状態を示す変数

void loop(){
```

```
        M5.update();
        if (M5.BtnA.wasPressed()) {  //  ボタンAが押されていたら、
            led = HIGH;                //  LED状態をHIGHにする
        }
        if (M5.BtnB.wasPressed()) {  //  ボタンBが押されていたら、
            led = LOW;                 //  LED状態をLOWにする
        }
        if (M5.BtnC.wasPressed()) {  //  ボタンCが押されていたら、
            led = (led == HIGH) ? LOW : HIGH;   //  LED状態のHIGH／LOWを切り替える
        }
        digitalWrite(LED_PIN, led);  //  LED状態を書き込む
        delay(50);
    }
```

LEDの状態を示す led という変数をグローバル変数として定義しています。グローバル変数にすることで、loop 関数が終わっても値が保存されます。

loop 関数の中で、M5.update 関数でボタンの状態を更新します。wasPressed は、前回ボタンの状態を調べてから今までの間にボタンが押されたら（今は押されていなくても）True を返す関数です。wasPressed 関数で、ボタンA、B、C が押されていたかどうかを調べ、それに対応して led という変数の値を変えています。

a ? b : c は三項演算子で、a が真なら b、偽なら c の値を返します。ボタンC が押されていたら、led の値が HIGH なら LOW に、LOW なら HIGH にしています。

何もボタンが押されていなければ、led 変数の値は前回 loop 関数が終わったときのままです。最後に led 変数の値を LED_PIN に書き込むことで、実際に LED をオン／オフします。

スケッチ4.4 をビルドして実行し、ボタンA、B、C を押して、動作を確認してみましょう。loop 関数で繰り返しボタンの状態を読み、ボタンが押されていたら、それに合わせた処理をするというスケッチの流れが理解できると思います。

 ## 4.5 温度を測る

M5Stack を使ってLチカに成功しました。次は、温度センサを使って、周囲の温度を測ってみましょう。

本章の始めで説明したように、センサにはアナログ値を出力するアナログセンサと、デジタルデータを出力するデジタルセンサがあります。最初に、アナログ温度センサで温度を測ります。

（1）アナログ温度センサLM61BIZで測る

電子部品の通販サイト「スイッチサイエンス」（`https://www.switch-science.com/`）で、「アナログ温度センサ」と検索すると、LM35DZ、LM61BIZ、BD1020HFVといったセンサが見つかります。各センサのWebページに仕様が書かれていますが、今回は外の気温を測ることを想定して、マイナス25℃から85℃まで測れるLM61BIZというアナログ温度センサを使います。

LM61BIZには**図4.17**のように3本のピンがあり、＋Vsピンを2.7 〜 10Vの電源に、GNDピンをグランドに接続すると、Voutピンに周囲の温度に応じた電圧が出力されます。

図4.17　LM61BIZ

＋Vs　　Vout　　GND

図4.18　温度とVoutの関係

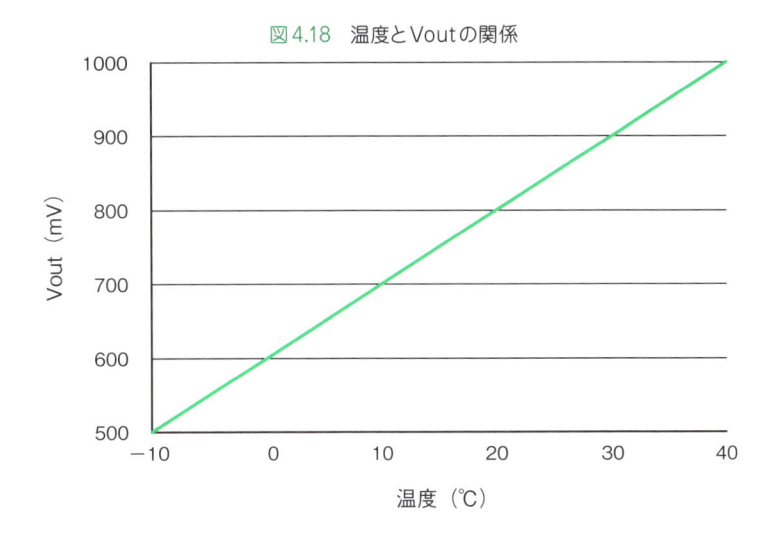

周囲の温度が0℃のときの出力が600mVで、1℃温度が上がるごとに出力が10mV（0.01V）増えます。温度をt（℃）、電圧をVout（V）とすると、周囲の温度とVoutに出力される電圧は次の関係になります。

```
t = (Vout - 0.6) / 0.01
```

例えば出力が 800mV のとき、周囲の温度は 20℃ ということになります。

■ 回路を組み立てる

LM61BIZ では周囲の温度に対応した電圧が出力されます。その電圧値を、ESP32 に内蔵されたアナログ・デジタル（AD）コンバータでデジタルデータに変換します。M5Stack の AD コンバータは 35 番ピンと 36 番ピンにつながれているので、ここでは 35 番ピンを使うことにします。

回路は**図4.19**のようになります。

図4.19　アナログ温度センサ回路

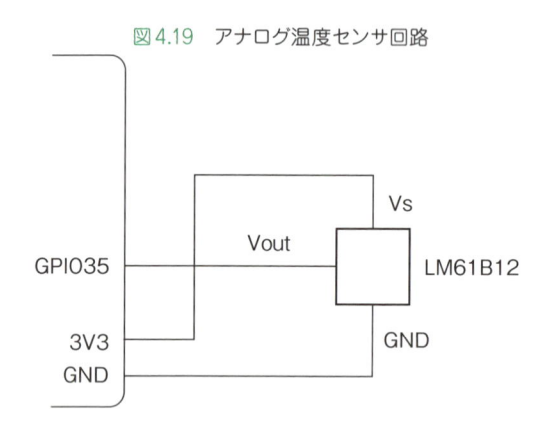

図4.19の回路を、**図4.20**のように組み立てます。

M5Stack の右側のソケットと LM61BIZ を、オスーメスのジャンパワイヤか 10 芯プロトワイヤでつなぎます。

図4.20　アナログ温度センサをつないだところ

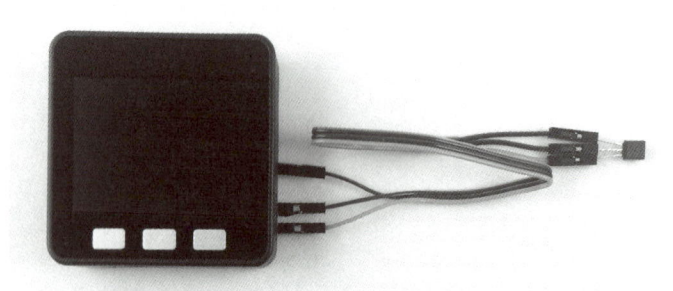

図4.21　アナログ温度センサをつないだところ（裏側）

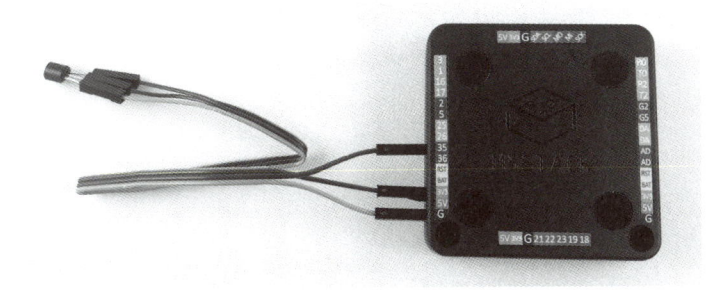

これで回路はできあがりです。

■ 温度を測るスケッチ

35番ピンにつながれたアナログ温度センサの電圧値はanalogRead関数でデジタル値として読むことができます。analogRead関数で温度センサの電圧値を読み、電圧値を温度に変換してM5StackのLCDに表示してみます。

スケッチは次のようになります。

スケッチ4.5　lm61biz.ino

```
#include <M5Stack.h>

#define LM61BIZ_PIN 35   // LM61BIZ を35番ピンのADコンバータにつなぐ

void setup() {
    M5.begin();                     // M5Stack を初期化する
    pinMode(LM61BIZ_PIN, INPUT);    // 35番ピンを入力モードに設定する

    M5.Lcd.setTextSize(4);
}

void loop() {
    int e = analogRead(LM61BIZ_PIN);       // 35番ピンの電圧値を読む

    float Vout = e / 4095.0 * 3.3 + 0.1132; // 電圧を計算する
    float temp = (Vout - 0.6) / 0.01;      // 電圧を温度に変換する
    M5.Lcd.setCursor(80, 100);             // 文字を書く位置をセットする
    M5.Lcd.print(temp, 1);                 // 温度をLCDに書く
    M5.Lcd.print("'C");
    delay(1000);                           // 1秒待つ
}
```

このスケッチをビルドして実行すると、1秒ごとに温度を測って、M5StackのLCDに結果を表示します。温度センサを手で触ったり冷たいものを近づけたりして、温度が変化することを確認してください。

図4.22　アナログ温度センサで温度を測った

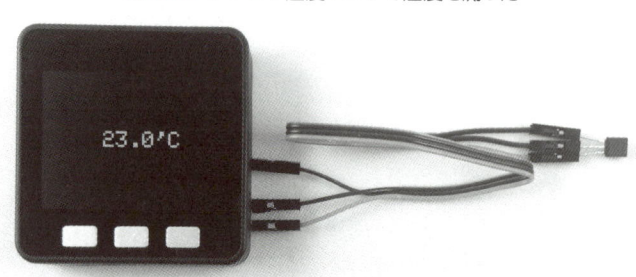

■ スケッチの解説

setup関数では、Lチカでも使ったpinMode関数で、35番ピンを入力モード（INPUT）に設定しています。

loop関数では、analogRead関数で35番ピンの電圧値を読んでいます。

```
uint16_t analogRead(uint8_t pin);
```
説明　pinの電圧値を読む

パラメータ
- uint8_t pin：ピン番号

戻り値　電圧値。0から3.3Vに対して0から4095の値が返る

例　uint16_t e = analogRead(35);

analogReadは指定されたピンの電圧が0Vのときに0、3.3Vのときに4095という値を返します。この値をeとすると、電圧Voutは次の式で計算できます。

```
Vout = e / 4095.0 * 3.3 + 0.1132;
```

ESP32の内蔵ADコンバータは値の補正が必要なことが知られていて、0.1132という数字はその補正値です。詳しくはコラム「ESP32の内蔵ADコンバータは補正が必要」をご覧ください。

電圧Voutが得られたら、次の式で温度を計算します。

```
temp = (Vout - 0.6) / 0.01;
```

温度が計算できたら、**M5.Lcd.print**関数でLCDに表示しています。M5.Lcd.print関数で第2引数に数字を指定すると、小数点以下の桁数が指定できます。**スケッチ4.5**では**M5.Lcd.print(temp，1);**と1を指定しているので、小数点以下1桁まで表示されます。

ESP32の内蔵ADコンバータは補正が必要

ESP32で内蔵ADコンバータに入力される電圧をテスタなどで測り、電圧を変化させながらテスタの値とESP32の**analogRead**関数の結果を比較してみると、**図4.23**のように**analogRead**の結果は実際の電圧値よりも低い値が得られてしまいます。

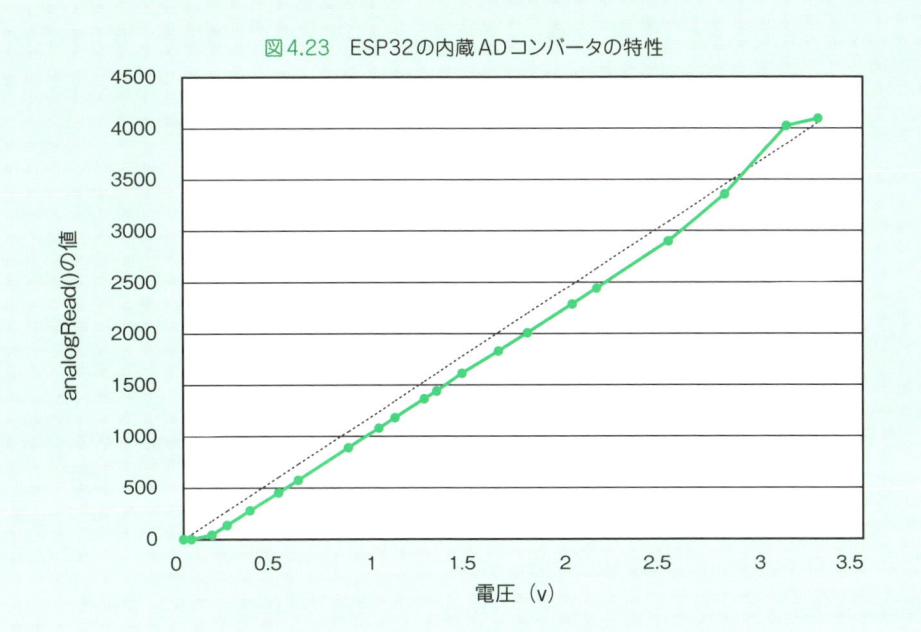

図4.23 ESP32の内蔵ADコンバータの特性

正しい電圧値を得るために、次のような補正式を使います。

```
Vout = e / 4095.0 * 3.3 + 0.1132;
```

この補正式は簡易的なものであり、電圧が0.2Vから2.5V程度の範囲で有効です。LM61BIZの測定範囲はマイナス25℃から85℃までで、そのときの出力は0.35Vから1.45Vなので、簡易な式で補正ができます。

（2）デジタル温度センサで測る

次にデジタル温度センサを使って、温度を測定してみます。

デジタル温度センサには温度を電気信号に変換する素子、マイコンと通信するモジュール、それらを制御する専用マイコンが内蔵されています。温度だけでなく、湿度や気圧なども同時に測れるものもあります。また、値を複数回測定して平均を取る機能などを持つものもあります。

デジタルセンサは、測定結果をデジタルデータとしてマイコンに渡します。デジタルセンサとマイコンの通信には、**I²C通信**と**SPI通信**という方式がよく使われます。

■ I²C 通信

I²C は Inter-Integrated Circuit の略で、マイコンとセンサなどの通信方式です。アイ・スクエアド・シー、あるいはアイ・ツー・シーと読みます。

I²C はコマンドと応答をやり取りして通信します。コマンドを発行して通信を主導するほうを**マスタデバイス**、コマンドに応答するほうを**スレーブデバイス**と呼びます。マイコンとセンサをつなぐ場合、マイコンがマスタデバイス、センサがスレーブデバイスになります（**図4.24**）。

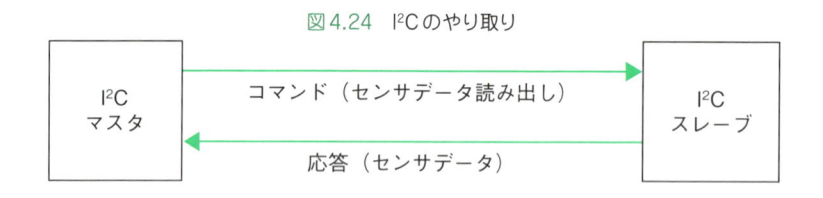

図4.24　I²Cのやり取り

マスタデバイスとスレーブデバイスの間はシリアルデータ（SDA）とシリアルクロック（SCL）と呼ばれる2本の双方向の信号線でつながれます（**図4.25**）。I²C通信では**図4.25**のように複数のスレーブデバイスをつなぐことができます。複数あるスレーブデバイスのどれと通信するかを選ぶために、スレーブデバイスにはアドレスが割り振られています。

標準的な通信速度は100kbpsで、その他に10kbps、400kbps、3.4Mbpsのモードがあります。

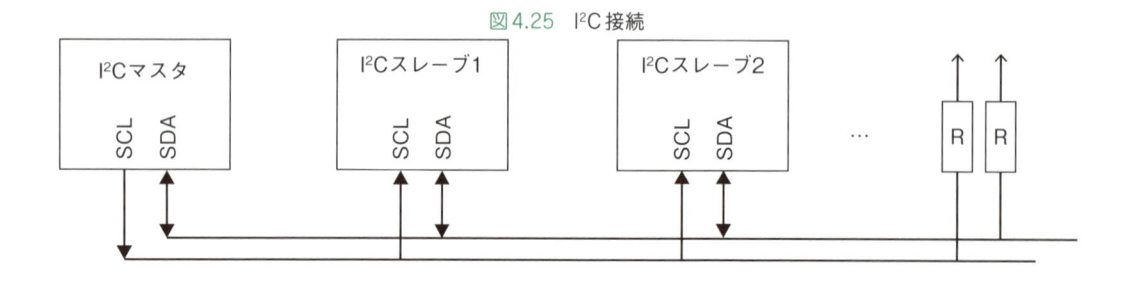

図4.25　I²C接続

図4.25右側のRと書かれた抵抗は、プルアップ抵抗と呼ばれるものです。マスタデバイス、スレーブデバイスがどちらも出力しないときに、信号線の値が宙ぶらりんになって不確定になるのを防ぐために必要です。センサモジュールではモジュール内にプルアップ抵抗を搭載しているものもあります。

■ SPI 通信

SPIはSerial Peripheral Interfaceの略で、マイコンとセンサなどの通信方式です。SPI通信もマスタデバイスとスレーブデバイスがコマンドとデータをやり取りします。

SPI通信では単方向のMISO（Master In, Slave Out）、MOSI（Master Out, Slave In）とシリアルクロック（SCK）と呼ばれる3本の信号線を使います。SPIでも複数のスレーブデバイスをつなげられます（**図4.26**）。複数あるスレーブデバイスを選ぶために、SPIではSS（Slave Select）という個別の信号線を使います。

SPI通信は15Mbpsという高速な通信が可能ですが、スレーブデバイスが増えてくるとSS線がスレーブデバイスの数だけ必要になり、回路が複雑になります。

図4.26　SPI接続

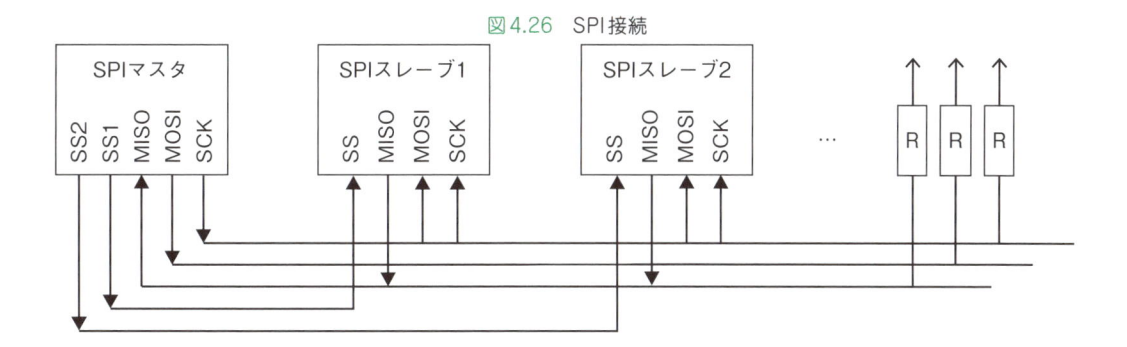

■ デジタル温湿度センサ Si7021 で温度、湿度を測る

アナログ温度センサを探したときと同様に、電子部品通販サイト「スイッチサイエンス」（https://www.switch-science.com/）で、「温度　湿度」と検索すると、「Si7021搭載 温湿度センサモジュール」、「BME280搭載 温湿度・気圧センサモジュール」などが見つかります。今回はアクセス方法が簡単な「Si7021搭載 温湿度センサモジュール」（**図4.27**）を使います。モジュールの真ん中にある白い部品がSi7021という温湿度センサです。

図4.27 Si7021温湿度センサモジュール

Si7021の特性を**表4.1**にまとめました。

表4.1 Si7021の特性

項目		データ
測定対象		温度、湿度
温度	範囲	−10 〜 85℃
	精度	最大±0.4℃
湿度	範囲	0 〜 80%
	精度	最大±3%
通信方式		I²C
I²Cアドレス		0x40
電源電圧		3.3V または 5V

■ 回路を組み立てる

Si7021はI²Cでマイコンと通信します。M5StackのGPIO21がI²CのSDAピン、GPIO22がSCLピンなので、**表4.2**のように、M5StackのGPIO21とSi7021のSDAを、GPIO22とSi7021のSCLをつなぎます。Si7021はモジュール上にプルアップ抵抗がついているので、外付けのプルアップ抵抗は必要ありません。

表4.2 M5StackとSi7021をつなぐ

M5Stack	Si7021
3V3	VIN
つながない	3Vo
G	GND
21	SDA
22	SCL

M5StackとSi7021を、オス—メスのジャンパワイヤや10芯プロトワイヤを使ってつなぎます。

図4.28　M5StackとSi7021をつないだところ

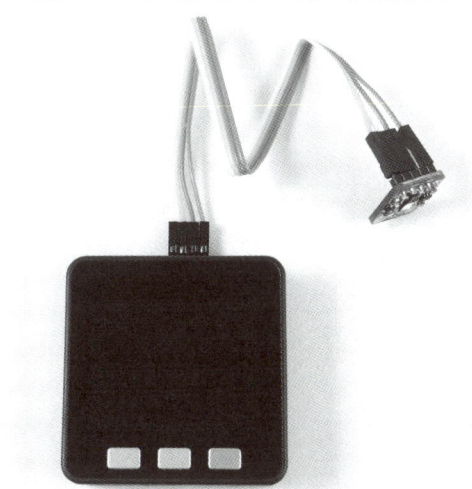

図4.29　M5StackとSi7021をつないだところ（裏側）

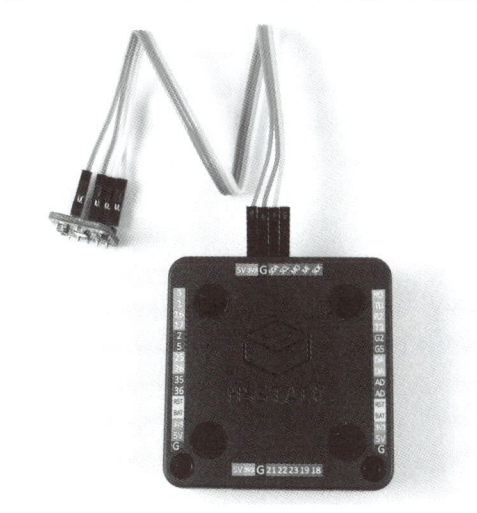

■ 温度、湿度を測るスケッチ

通常、I²Cでセンサなどと通信をするには、ArduinoのWireというライブラリを使います。しかしSi7021については、センサモジュールを開発したAdafruit社が、簡単にアクセスが可能になるライブラリを提供しています。「Adafruit Si7021 Library」というライブラリと、「Adafruit Unified Sensor」という共通ライブラリを使います。

まず、Arduino IDEの「ツール」メニューの「ライブラリを管理...」をクリックして、ライブラリマネージャを立ち上げます。

ライブラリマネージャの検索窓に「adafruit si7021」と入力すると、**図4.30**のように「Adafruit Si7021 Library by Adafruit」というライブラリが見つかるので、その最新版をインストールします。

図4.30　Si7021ライブラリのインストール

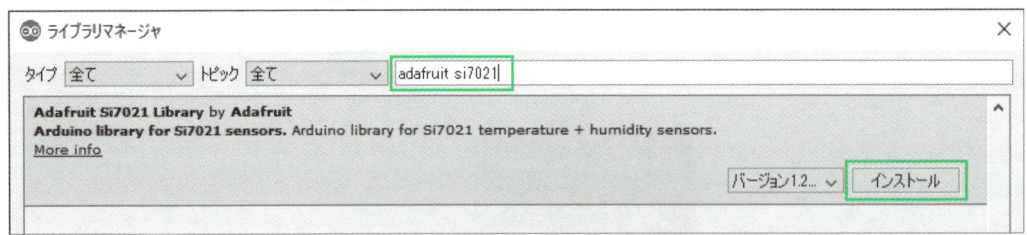

続けてライブラリマネージャで「adafruit unified sensor」を検索し、Adafruit社の共通ライブラリ「Adafruit Unified Sensor」をインストールします。

Si7021ライブラリを使って温度と湿度を測るスケッチは次のようになります。

スケッチ4.6　si7021.ino

```
#include <M5Stack.h>
#include "Adafruit_Si7021.h"  // ライブラリを使うためのヘッダファイルをインクルードする ←①

Adafruit_Si7021 sensor = Adafruit_Si7021();  // Adafruit_Si7021オブジェクトを初期化する ←②

void setup() {
    M5.begin();  // M5Stackを初期化する

    if (!sensor.begin()) {  // Si7021を初期化する ←③
        Serial.println("Did not find Si7021 sensor!");
        while (true) {
            delay(0);
        }
    }

    M5.Lcd.setTextSize(3);
}

void loop() {
    float temp = sensor.readTemperature();  // Si7021から温度を読む
    float humid = sensor.readHumidity();    // Si7021から湿度を読む

    M5.Lcd.setCursor(40, 80);
```

```
    M5.Lcd.print("Temp: ");
    M5.Lcd.print(temp, 1);                // 温度をLCDに表示
    M5.Lcd.print("'C");
    M5.Lcd.setCursor(40, 140);
    M5.Lcd.print("Humid: ");
    M5.Lcd.print(humid, 1);               // 湿度をLCDに表示
    M5.Lcd.print("%");
    delay(1000);
}
```

スケッチ4.6をビルドして動かすと、Si7021で温度と湿度を測り、M5StackのLCDに表示される様子を確認できます。

図4.31　デジタル温湿度センサで温度と湿度を測った

■ スケッチの解説

「Adafruit Si7021 Library」を使うときは、スケッチの中で**Adafruit_Si7021.h**というヘッダファイルをインクルードします（①）。次に、Adafruit_Si7021オブジェクトを定義します（②）。
Adafruit_Si7021オブジェクトには次の関数があります。

- `begin`：Si7021を初期化する
- `readTemperature`：温度データを取得する
- `readHumidity`：湿度データを取得する

sensor.begin 関数は、正常終了すると true を、センサがつながっていないなどで異常終了をすると false を返します。③の if 文は、初期化処理が正常終了でなかった場合の処理です。Si7021 が見つからないという旨の文字をシリアルモニタに出力し、処理を止めます。

　loop 関数の中で、readTemperature 関数、readHumidity 関数によって温度、湿度を読み、LCD に表示しています。

(3) Grove センサで気圧を測る

　M5Stack には **Grove** というポートが付いています。Grove は、Seeed Studio という会社が作ったマイコンとセンサなどをつなぐ規格です。M5Stack の Grove ポートには、M5Stack 社が開発したセンサ類だけでなく、Seeed Studio 社のセンサ類もつなげられます。

　ここでは、Seeed Studio 社の気圧センサを使ってみます。この気圧センサは、BMP280 というセンサを搭載したもので、**表4.3** のような仕様で、気圧と温度が測れます。

表4.3　BMP280の特性

項目		データ
測定対象		気圧、温度
気圧	範囲	300 ～ 1100hPa
	精度	±1.0hPa
温度	範囲	−40 ～ 85℃
	精度	±1℃
通信方式		I²C、SPI
I²C アドレス		0x76、0x77（デフォルト）
電源電圧		3.3V または 5V

　接続は Grove ケーブルで M5Stack の Grove ポートとセンサをつなぐだけです。I²C 通信は、アドレスが異なっていれば複数のデバイスをつなぐことができます。I²C アドレスは、Si7021 が 0x40、BMP280 が 0x76 か 0x77 と異なっているので、**図4.32** では Si7021 と BMP280 の両方をつなぎました。

図4.32 Grove気圧センサをつなぐ

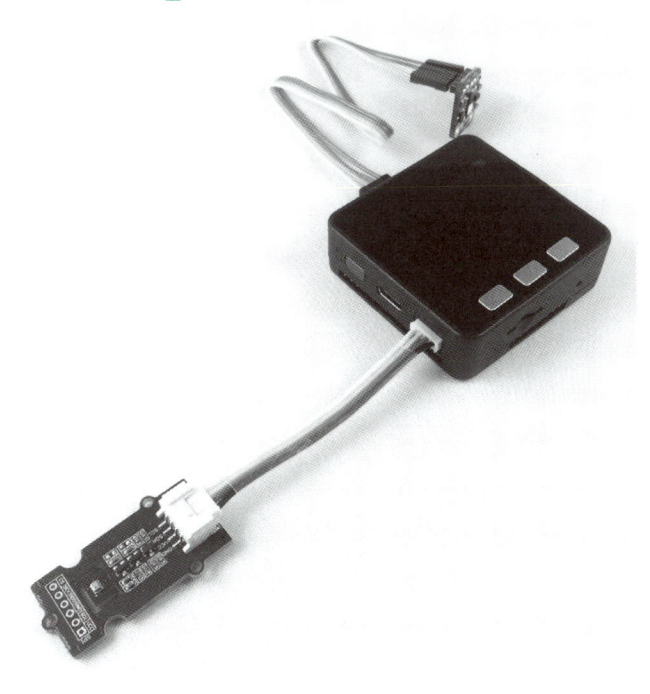

■ スケッチ

Grove気圧センサについては、Seeed Studio社がライブラリを提供しているので、そのライブラリを使います。

Arduino IDEの「ツール」メニューの「ライブラリを管理...」をクリックして、ライブラリマネージャを立ち上げます。ライブラリマネージャの検索窓に「grove bmp280」と入力すると、**図4.33**のように「Grove - Barometer Sensor BMP280 by Seeed Studio」というライブラリが見つかるので、その最新版をインストールします。

図4.33 BMP280ライブラリのインストール

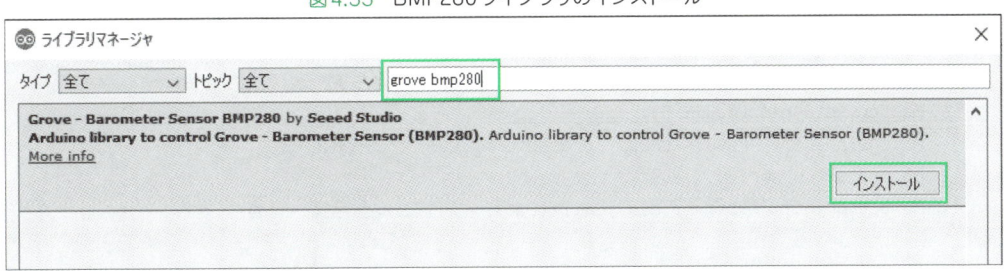

スケッチは次のようになります。

```
#include <M5Stack.h>
#include "Adafruit_Si7021.h"
#include "Seeed_BMP280.h"  // BMP280 ライブラリ用のヘッダファイルをインクルード ←①
#include <Wire.h>

Adafruit_Si7021 sensor = Adafruit_Si7021();  // Adafruit_Si7021 オブジェクトを初期化する
BMP280 bmp280;  // BMP280 オブジェクトを定義する

void setup() {
    M5.begin();                   // M5Stack を初期化する

    if (!sensor.begin()) {  // Si7021 を初期化する
        Serial.println("Did not find Si7021 sensor!");
        while (true) ;
    }
    if(!bmp280.init()) {      // BMP280 を初期化する ←②
        Serial.println("Device not connected or broken!");
        while (true) ;
    }
    M5.Lcd.setTextSize(3);
}

void loop() {
    float temp = sensor.readTemperature();          // Si7021 から温度を読む
    float humid = sensor.readHumidity();            // Si7021 から湿度を読む
    float bmp280temp = bmp280.getTemperature();     // BMP280 から温度を読む ←③
    uint32_t pressure = bmp280.getPressure();       // BMP280 から気圧を読む
    float altitude = bmp280.calcAltitude(pressure); // 高度を計算する

    M5.Lcd.setCursor(40, 30);
    M5.Lcd.printf("Temp: %5.1f'C", temp);           // 温度を LCD に表示
    M5.Lcd.setCursor(40, 70);
    M5.Lcd.printf("Humid: %5.1f%%", humid);         // 湿度を LCD に表示

    M5.Lcd.setCursor(40, 110);
    M5.Lcd.printf("Temp: %5.1f'C", bmp280temp);     // BMP280 の温度を表示 ←④
    M5.Lcd.setCursor(40, 150);
    M5.Lcd.printf("Press: %dhPa", pressure / 100);  // 気圧を表示
    M5.Lcd.setCursor(40, 190);
    M5.Lcd.printf("Alti: %5.2fm", altitude);        // 高度を表示

    delay(1000);
}
```

　スケッチ**4.7**をビルドして動かすと、M5StackのLCDにSi7021で測った温度、湿度、BMP280で測った温度、気圧、高度が表示されることを確認できます。Si7021とBMP280で測った温度に差があるのは、センサの個体差かもしれません。

図4.34　Si7021とBMP280で測った温度、湿度、気圧

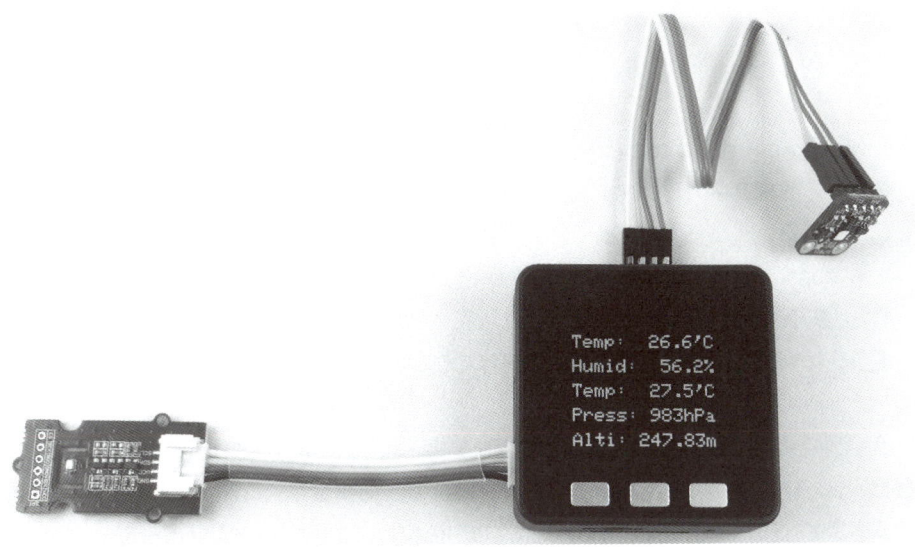

■ スケッチの解説

　スケッチ**4.6**に追加したところを解説します。スケッチの最初のほうで、BMP280ライブラリを使うためのヘッダファイル**Seeed_BMP280.h**をインクルードしています（①）。

　BMP280オブジェクトには次の関数があります。

- **init**：BMP280を初期化する
- **getTemperature**：温度を取得する
- **getPressure**：気圧を取得する
- **calcAltitude**：気圧から高度を計算する

　setup関数の中で、**bmp280.init**関数を使ってBMP280を初期化しています（②）。**bmp280.init**関数も初期化処理が正常終了すると**true**を、異常終了すると**false**を返すので、Si7021の初期化処理と同じように**if**文でチェックしています。

　loop関数でBMP280から温度と気圧を読み、高度を計算して（③）、LCDに表示しています（④）。

スケッチ**4.6**の中でデータを表示している部分は、温度と湿度の表示にそれぞれ**M5.Lcd.print**関数を3行使い、温度であれば、"Temp: "という文字列、温度データ、"C"という文字列を順に表示していました。

　今回、Si7021で測った温度、湿度、BMP280で測った温度、気圧、高度の5つのデータを同じ方法で表示すると、**print**関数だけで15行になってしまい、スケッチが煩雑になります。

　そこで**スケッチ4.7**では、文字列とデータを合わせて表示できる**M5.Lcd.printf**という関数を使っています。

```
int M5.Lcd.printf(const char * format, arg1, arg2, ...);
```
　説明　　書式文字列formatに従って、表示する

　パラメータ

　　　● const char * format：書式文字列

　戻り値　実際に表示した文字数

　例　　　`M5.Lcd.printf("Temp: %5.1f'C", temp);`

　書式文字列の中の**%5.1f**の部分に**temp**の値が変換されて、表示されます。fの部分は表示するデータの型を示し、%fは浮動小数点、%dは整数、%cは文字、%sは文字列に変換されます。5.1の部分は、表示する桁数で、5は全体の桁数、.1は小数点以下の桁数になります。M5.Lcd.printf関数は書式の指定方法が複雑ですが、スケッチをコンパクトにできるので、覚えておくとよいでしょう。

　センサにアクセスするライブラリが提供されていれば、比較的簡単にセンサを使うことができます。ライブラリの有無などについては、通販サイトの部品のページに「関連リンク」として掲載されているので、確認するとよいでしょう。

(4) 熱中症の危険をLEDで知らせる

　温度と湿度を測れるようになったので、温度と湿度から熱中症の危険度を計算して、LEDで知らせるようにしてみます。

　M5StackにSi7021とLEDをつなげます。

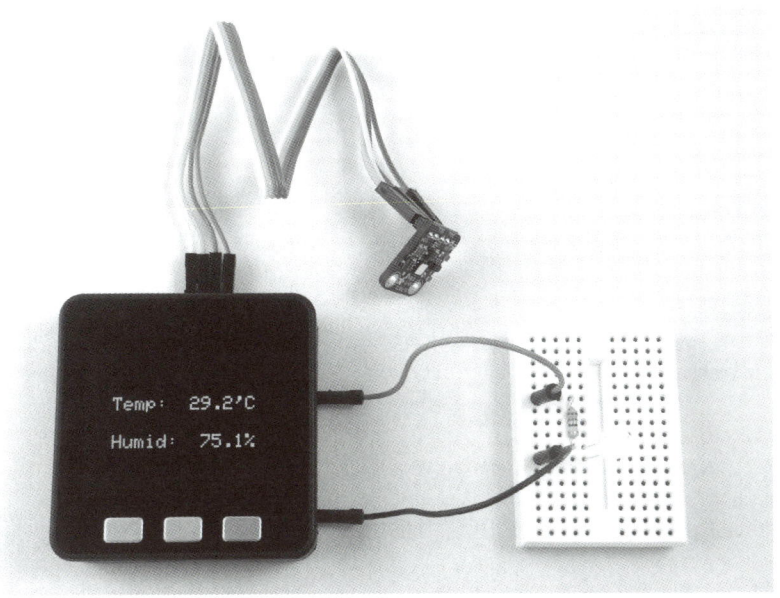

図4.35　Si7021とLEDをつなげる

スケッチは次のようになります。

スケッチ4.8　si7021_led.ino

```
#include <M5Stack.h>
#include "Adafruit_Si7021.h"

Adafruit_Si7021 sensor = Adafruit_Si7021();  // Adafruit_Si7021オブジェクトを初期化する

#define LED_PIN 2

int WBGTlevel(float humid, float temp) {  // 熱中症の危険度を計算する
    if (temp > (humid * (-12.0 / 70.0) + 40.0 + 36.0 / 7.0))
        return 3;  // 危険
    if (temp > humid * (-13.0 / 80.0) + 25.0 + 130.0 / 8.0)
        return 2;  // 厳重警戒
    if (temp > humid * (-3.0 / 20.0) + 37.0)
        return 1;  // 警戒
    else
        return 0;  // 注意
}

void setup() {
    M5.begin();                    // M5Stackを初期化する
```

113

```
    pinMode(LED_PIN, OUTPUT);   // GPIO2 を出力モードに設定する

    if (!sensor.begin()) {       // Si7021 を初期化する
        Serial.println("Did not find Si7021 sensor!");
        while (true) ;
    }

    M5.Lcd.setTextSize(3);
}

void loop() {
    float temp = sensor.readTemperature();   // Si7021 から温度を読む
    float humid = sensor.readHumidity();      // Si7021 から湿度を読む

    M5.Lcd.setCursor(40, 80);
    M5.Lcd.printf("Temp: %5.1f'C", temp);      // 温度をLCDに表示
    M5.Lcd.setCursor(40, 140);
    M5.Lcd.printf("Humid: %5.1f%%", humid);   // 湿度をLCDに表示

    if (WBGTlevel(humid, temp) > 1) {   // 熱中症の危険度を計算し、危険か厳重警戒なら
        digitalWrite(LED_PIN, HIGH);    // LED を点ける
    } else {                             // そうでないなら
        digitalWrite(LED_PIN, LOW);     // LED を消す
    }
    delay(1000);
}
```

WBGTlevel という関数で熱中症の危険度を計算しています。熱中症の危険度を計算する方法は、日本生気象学会の『「日常生活に関する指針」Ver.3』（http://seikishou.jp/pdf/news/shishin.pdf）を参考にしました。温度と湿度から危険度を計算し、「危険」なレベルなら3、「厳重警戒」なら2、「警戒」なら1、「注意」なら0を返しています。

loop関数では、Si7021によって温度と湿度を測り、M5StackのLCDに表示した後、熱中症の危険度を計算し、危険か厳重警戒レベルだったらLEDを点けて知らせます。警戒か注意レベルのときはLEDを消します。

スケッチ4.8をビルドして実行すると、温度と湿度がLCDに表示されます。センサを手で包んで、息を吹きかけて温度と湿度を上昇させると、LEDが点く様子を確認できるでしょう。

Lチカと温度、湿度の測定という基本的なものを組み合わせることで、少し複雑なものに発展させられるのも、電子工作の面白みではないでしょうか。

4.6 まとめ

　第4章では、電子工作の基礎を学んだ後、M5StackにLEDをつないで点滅させました。さらに、アナログ温度センサとデジタル温度・湿度センサ、気圧センサを使って、温度、湿度、気圧を測り、M5StackのLCDに表示しました。さらに、LEDと温度・湿度センサを組み合わせて、熱中症の危険度を知らせるデバイスを作りました。

　第5章では、電子工作のアドバンスド編として、水準器やアナログ温度計、温度分布の測定器を作ります。

M5Stackで
電子工作してみよう
（アドバンスド編）

ネコの体温測定中

第4章では、最初の電子工作として、M5StackでLEDを点滅させました。また、センサで温度、湿度などを測り、LCDに表示したり、LEDを制御したりしました。このような電子工作を通じて、Arduinoプログラミングによる制御の理解も進んだと思います。

この章ではアドバンスド（応用編）として、M5Stackを使って、水準器、コンパス、アナログ表示の温湿度計、温度分布の簡易測定器を作ります。

 5.1　傾きや磁力を測る

M5StackのGrayやFireに搭載されている加速度センサや磁気センサを使って、水準器とコンパスを作ってみましょう。

（1）加速度センサとは

M5StackのGray、M5GO、Fireには、加速度、ジャイロ、磁気センサが搭載されています。

加速度は乗り物に乗ったときなどに、加速したり、減速したり、方向を変えたりすると体感できるので、おなじみでしょう。**加速度センサ**は、その加速度を測るセンサです。**ジャイロセンサ**はひねりの速さを、**磁気センサ**は磁気を測ります。加速度、ひねり（ジャイロ）、磁気は、共に3次元の向きを持っているので、それをx軸、y軸、z軸の3方向の強さとして測ります。3種類の3軸方向の測定ができるので、9軸IMU（慣性計測ユニット）と呼ばれます。

M5StackのGray、M5GO、Fireに搭載されている9軸IMUは、MPU9250というセンサです。その中には加速度・ジャイロセンサのMPU6500というセンサと、磁気センサのAK8963というセンサが入っています。マイコンとはI²CとSPIのどちらでも通信できますが、M5StackではI²Cで通信します。

M5Stackの加速度センサは**図5.1**のように、ケースの左右方向がx軸、上下方向がy軸、LCD画面と垂直な方向がz軸で加速度を測ります。

図5.1　M5Stackの加速度センサ

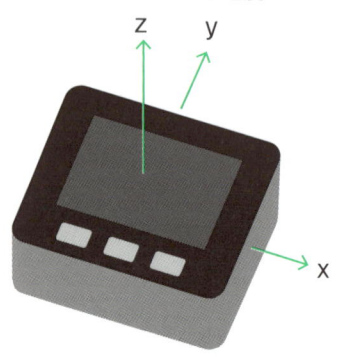

（2）水準器を作る

図5.2　M5Stackの水準器

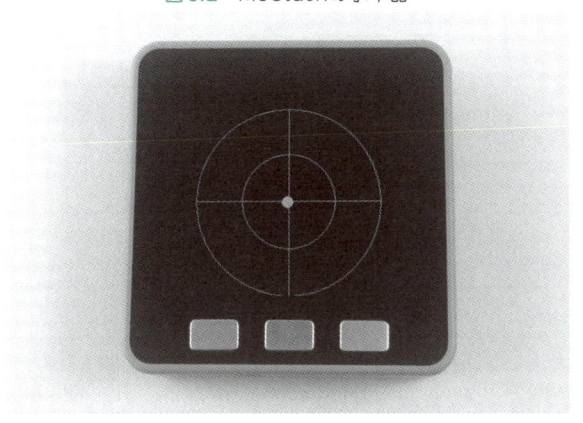

水準器は、机などの面が水平かどうかを調べる道具です。

地球の表面では、地球の中心に向かって、常に1Gの重力加速度がかかっています。M5Stackに内蔵された加速度センサで重力加速度を測り、重力の方向が加速度センサのz軸と同じになれば、LCD画面の面が水平になっていることが分かります。

■ MPU9250にアクセスする

重力加速度の状態を、加速度センサを使って確認してみましょう。

MPU9250にアクセスするには、**utility/MPU9250.h**というヘッダファイルをインクルードし、**MPU9250**というオブジェクトを作ります。

MPU9250オブジェクトには次の関数が用意されています。

- `initMPU9250`：MPU9250を初期化する
- `initAK8963`：AK8963を初期化する
- `calibrateMPU9250`：加速度センサとジャイロセンサのキャリブレーションをおこなう
- `readByte`：I^2Cアドレスと内部レジスタのアドレスを指定して、内部レジスタの値を読む
- `readAccelData`：加速度センサの値を読む
- `readGyroData`：ジャイロセンサの値を読む
- `readMagData`：磁気センサの値を読む
- `getAres`：加速度のスケールを取得する
- `getGres`：ジャイロのスケールを取得する
- `getMres`：磁気のスケールを取得する

MPU9250にアクセスして、加速度データを取得する流れは**図5.3**のようになります。

図5.3　MPU9250にアクセスする流れ

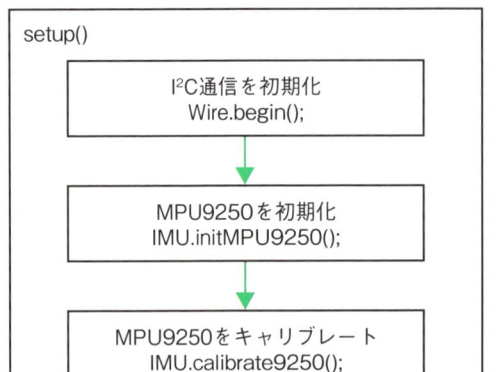
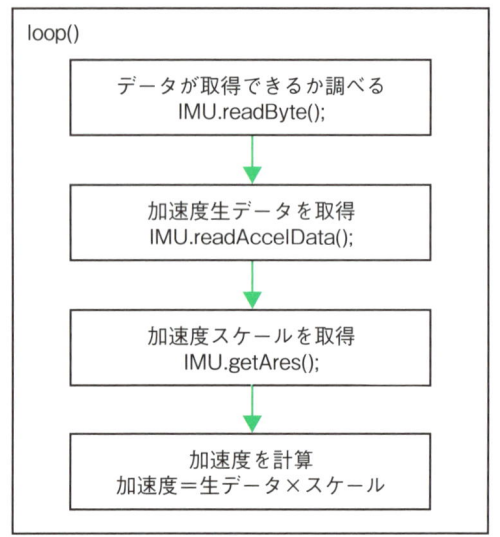

加速度データを取得して、LCDに表示するスケッチは次のようになります。

スケッチ5.1　accel.ino

```
#include <M5Stack.h>
#include "utility/MPU9250.h"

MPU9250 IMU;  // MPU9250のオブジェクトを定義

void setup() {
    M5.begin();  // M5Stackを初期化する
    Wire.begin();  // I2C通信を初期化
    IMU.initMPU9250();  // MPU9250を初期化
    IMU.calibrateMPU9250(IMU.gyroBias, IMU.accelBias);  // MPU9250をキャリブレート

    M5.Lcd.setTextSize(2);
}

void loop() {
    if (IMU.readByte(MPU9250_ADDRESS, INT_STATUS) & 0x01) {  // データが取得可能か調べる
        IMU.readAccelData(IMU.accelCount);                    // 加速度データを取得する
        IMU.getAres();                                        // スケールを取得する
        IMU.ax = (float)IMU.accelCount[0] * IMU.aRes;         // 加速度データを計算する
```

```
    IMU.ay = (float)IMU.accelCount[1] * IMU.aRes;
    IMU.az = (float)IMU.accelCount[2] * IMU.aRes;
    M5.Lcd.clear();
    M5.Lcd.setCursor(0, 0);  M5.Lcd.print("MPU9250 acceleration");
    M5.Lcd.setCursor(0, 32); M5.Lcd.printf("X: %7.2f mG", 1000 * IMU.ax);
    M5.Lcd.setCursor(0, 64); M5.Lcd.printf("Y: %7.2f mG", 1000 * IMU.ay);
    M5.Lcd.setCursor(0, 96); M5.Lcd.printf("Z: %7.2f mG", 1000 * IMU.az);
  }
  delay(200);
}
```

readByteはデバイスのI²Cアドレスと内部レジスタのアドレスを指定して、内部レジスタの値を読む関数です。MPU9250の**INT_STATUS**は1バイト（8ビット）のレジスタで、その一番下位のビット0はデータを読み出す用意ができたかどうかを示します。読み出す用意ができると1に、そうでないときは0になります。

図5.4　MPU9250のINT_STATUSレジスタを調べる

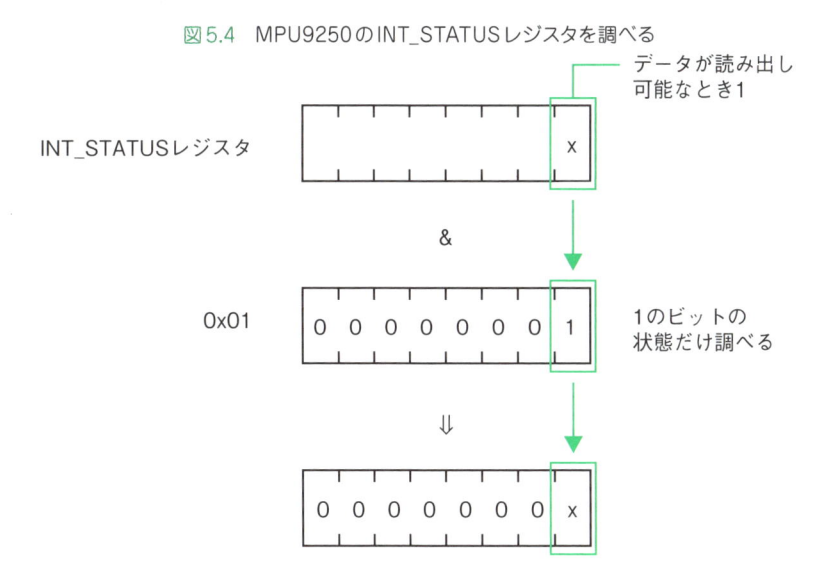

&演算子はビットごとのandを取る演算子で、0x01とandを取ると、ビット0の状態が調べられます。内部レジスタなどの特定のビットの状態を調べるときに、よく使われるコーディングです。

M5Stack Gray、M5GO、またはFireをパソコンにつなぎます。Arduino IDEのボードの設定は、M5Stack-Core-ESP32のままで大丈夫です。「マイコンボードに書き込む」ボタンを押して、先程のスケッチをビルドして、書き込みます。

M5Stackを、LCD画面が上になるように水平な机の上において、LCDを見てみましょう。x軸とy軸の加速度としては小さな値、z軸の加速度としては1000mGに近い値が表示されているはずです。z軸方向に約1000mG（1G）の重力加速度がかかっていることを確認できました（**図5.5**）。この図のように、x軸とy軸の値は100mG 〜 200mGぐらいずれていても、大丈夫です。

図5.5　重力加速度の様子

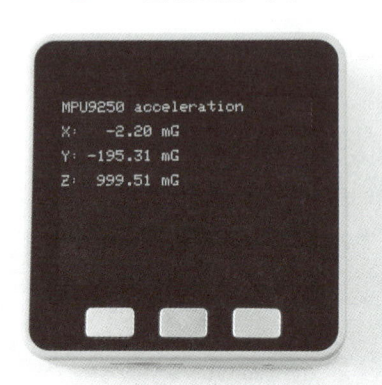

　M5Stackの右側が下になるように90°傾けると、今度はx軸が−1000mGに近い値に、z軸は小さな値に変わります。

　表示される値を見ていると、M5Stackを動かさないようにしても、各軸の加速度の値は数mG程度、ゆらいでいることに気がつくと思います。加速度センサはとても敏感なセンサで、細かな振動に反応して測定値がゆらぐためです。

■ 重力加速度の方向をLCDに表示する（簡単なスケッチ）

　加速度センサで重力を測ることができたので、これを使ってM5Stackの傾きをLCDに表示します。

　M5Stackを傾けたとき、x軸、y軸とも重力加速度の値は−1000mGから＋1000mGまで変化します。この値をLCD画面のx座標、y座標にして点を表示すると、M5Stackの傾きをLCD画面に表示できます。

　実際の水準器は水平に近い面を測るので、**図5.6**のように、x軸、y軸とも−300mGから＋300mGまでの範囲を表示するようにしました。

図5.6　x軸、y軸方向の傾きを画面に表す

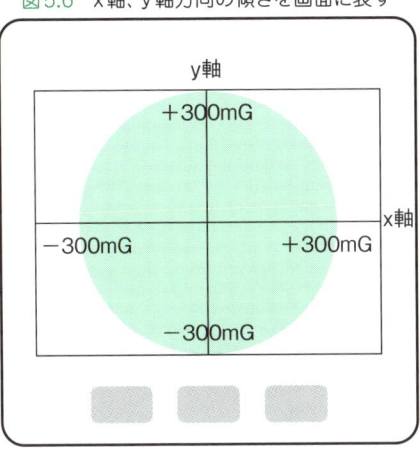

x軸、y軸の重力加速度の値をax、ayとすると、対応するLCD画面上の座標x、yは次のように計算できます。

```
x = map(constrain(ax, -300, 300), -300, 300, 40, 280);
y = map(constrain(ay, -300, 300), -300, 300, 240, 0);
```

Arduinoのconstrainとmapという関数はとても便利な関数で、constrainは値をある範囲に収め、mapはある範囲の値を別の範囲に比例計算してくれます。

```
val = constrain(x, a, b);
```

constrain関数は、xがaからbの範囲にあればxを返し、xがa以下だったらaを、b以上だったらbを返します。例えば、先程のconstrain(ax, -300, 300)の場合、axの値が−300から300の間であればaxそのままの値を、−300より小さければ−300を、300より大きければ300を返します。つまり、xの値がどんな値でもaからbの範囲内の値に収めてくれます。

```
long map(value, fromLow, fromHigh, toLow, toHigh);
```

map関数は、値valueを変換し、fromLowからfromHighの範囲をtoLowからtoHighの範囲にします（**図5.7a**）。範囲の下限を上限より大きな値にすることもできます。このときは値の反転になります（**図5.7b**）。map関数が扱うのは整数だけで、小数点以下は切り捨てられるため注意が必要です。

図5.7 map関数

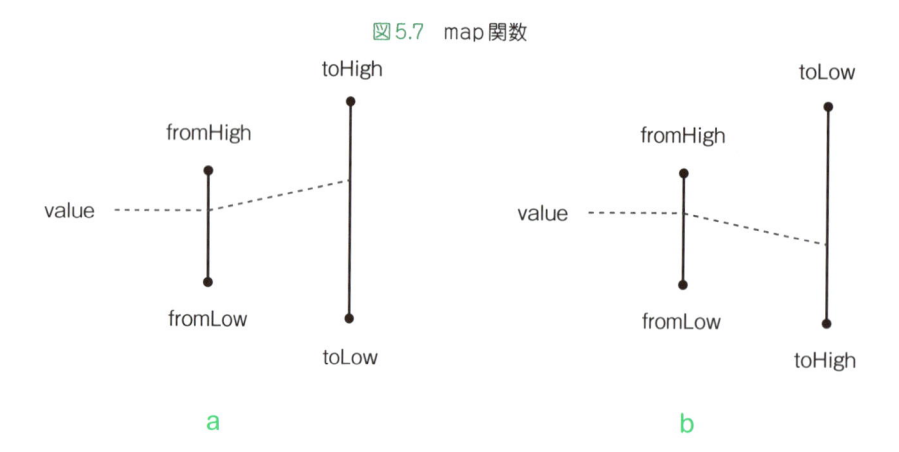

a   b

先程の例では、xの値はconstrain関数で−300から300の範囲に収められ、map関数で−300から300の値が40から280の値に比例計算されます。yの値は−300から300の値が240から0の値に反転して変換されます。

図5.8 map関数で加速度データを画面の位置に変換する

y軸
+300mG→0
−300mG→40   +300mG→280
−300mG→240
x軸

加速度センサの値からM5Stackの傾きをLCDに表示するスケッチは、次のようになります。

スケッチ5.2 level0.ino

```
#include <M5Stack.h>
#include "utility/MPU9250.h"

MPU9250 IMU;  // MPU9250のオブジェクトを定義
```

```
void drawGrid() {  // 座標を描く
    M5.Lcd.drawLine(41, 120, 279, 120, CYAN);
    M5.Lcd.drawLine(160, 1, 160, 239, CYAN);
    M5.Lcd.drawCircle(160, 120, 119, CYAN);
    M5.Lcd.drawCircle(160, 120, 60, CYAN);
}


// アナログの水準器における「泡」に相当する点を描く (重力の方向を示す点[1])
// x、yは加速度 (mG) で約-1000〜約1000
void drawSpot(int ax, int ay) {
    int x, y;
    x = map(constrain(ax, -300, 300), -300, 300, 40, 280);
        // -300〜300までを40〜280にマッピング
    y = map(constrain(ay, -300, 300), -300, 300, 240, 0);
        // -300〜300までを240〜0にマッピング
    M5.Lcd.fillScreen(BLACK);
    drawGrid();                          // 座標を描く
    M5.Lcd.fillCircle(x, y, 7, WHITE);   // 新しい点を描く
}


void setup() {
    M5.begin();  // M5Stackを初期化する
    Wire.begin();  // I2C通信を初期化
    IMU.initMPU9250();  // MPU9250を初期化
    IMU.calibrateMPU9250(IMU.gyroBias, IMU.accelBias);  // MPU9250をキャリブレート
}


void loop() {
    float ax, ay;

    while (! (IMU.readByte(MPU9250_ADDRESS, INT_STATUS) & 0x01));
    IMU.readAccelData(IMU.accelCount);  // 加速度データを取得する
    IMU.getAres();                      // スケールを取得する

    ax = (float)IMU.accelCount[0] * IMU.aRes; // 加速度データを計算する
    ay = (float)IMU.accelCount[1] * IMU.aRes;

    drawSpot((int)(ax * 1000), (int)(ay * 1000));  // 泡に相当する点を描く
    delay(100);
}
```

5

M5Stack で電子工作してみよう (アドバンスド編)

---

[1]　より正確に書くと、重力が働く方向は泡の反対方向になる。

loop関数の中の**while**文は、MPU9250のデータが読み出せるようになるまで待つ処理です。本来、次の①のように書くべきスケッチを、省略して②のように書いているので、注意してください。

```
while (! (IMU.readByte(MPU9250_ADDRESS, INT_STATUS) & 0x01)) {  ←①
    ;
}

while (! (IMU.readByte(MPU9250_ADDRESS, INT_STATUS) & 0x01)) ;  ←②
```

このスケッチをビルドして、実行してみましょう。M5Stackを何回かリセットしたり、傾けたりして、点がどのように動くかを観察してください。いくつかの課題に気がつきます。

- 課題1　M5Stackを、ほぼ水平なところに置いたのに、点の位置が中心からずれている
- 課題2　M5Stackを動かしていなくても、点の位置がゆらぐ
- 課題3　M5Stackを傾けたときの点の動きが急すぎる
- 課題4　画面の表示がチラつく

■ 重力加速度の方向をLCDに表示する（改善版）

最初のスケッチの課題を改善していきます。

課題1は、最初にM5Stackをほぼ水平なところに置いて使い始めることを前提にして、最初に取得した加速度データが水平に置かれたデータになるように、補正します。具体的には、最初の加速度データをオフセット値として保存し、それ以降に取得したデータからオフセット値を引くことで、補正をおこないます。

課題2は、加速度センサが敏感で、細かな振動で値がゆらぐためなので、複数回データを取得し、平均値を取ることでゆらぎを小さくします。

課題3は、値の移動平均を取ることで、急峻な値の変化にゆっくり追従するようにします。移動平均は**図5.9**のように、時系列のデータに対して、区間をずらしながら平均値を求めるものです。

図5.9　移動平均

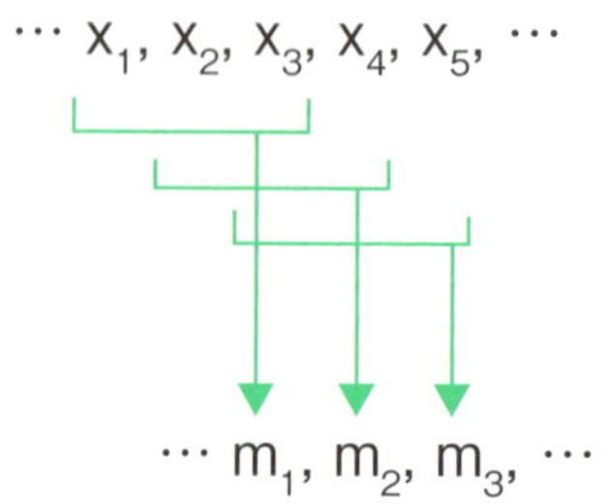

$$\cdots\ x_1,\ x_2,\ x_3,\ x_4,\ x_5,\ \cdots$$

$$\cdots\ m_1,\ m_2,\ m_3,\ \cdots$$

　課題4は、LCD画面を更新するときに、**M5.Lcd.fillScreen**で画面全体を消去するときにおこる現象です。M5Stackで画面全体を消去すると、35ミリ秒程度の時間がかかり、それがチラつきの原因になります。そこで画面全体を消去せず、必要最低限な部分だけを書き直すことで、チラつきを抑えるようにします。

　改善版のスケッチは次のようになります。各課題対策の部分はスケッチ中のコメントに書いたので、確認してください。

スケッチ5.3　level.ino

```
#include <M5Stack.h>
#include "utility/MPU9250.h"

#define MULTISAMPLE 20   // 複数回測定する回数

MPU9250 IMU;   // MPU9250のオブジェクトを定義

// 加速度を複数（multi）回測定して、平均する   ←課題2の対策
void readAccelMulti(float * accel, int multi) {
    float ax, ay, az;

    ax = ay = az = 0.0;
    for (int i = 0; i < multi; i++) {
        while (! (IMU.readByte(MPU9250_ADDRESS, INT_STATUS) & 0x01)) ;
        IMU.readAccelData(IMU.accelCount);   // 加速度データを取得する
        IMU.getAres();                       // スケールを取得する
        ax += (float)IMU.accelCount[0] * IMU.aRes;   // データを複数回足し込む
        ay += (float)IMU.accelCount[1] * IMU.aRes;
        az += (float)IMU.accelCount[2] * IMU.aRes;
    }
    accel[0] = ax / multi;   // 平均値を計算する
    accel[1] = ay / multi;
    accel[2] = az / multi;
}

void drawGrid() {   // 座標を描く
    M5.Lcd.drawLine(41, 120, 279, 120, CYAN);
    M5.Lcd.drawLine(160, 1, 160, 239, CYAN);
    M5.Lcd.drawCircle(160, 120, 119, CYAN);
    M5.Lcd.drawCircle(160, 120, 60, CYAN);
}

int oldx = 0;   // 古い点の座標   ←課題4の対策
int oldy = 0;
```

```
// アナログの水準器における「泡」に相当する点を描く（重力の方向を示す点）
// x、yは加速度（mG）で約-1000 ～約1000
void drawSpot(int x, int y) {
    x = map(constrain(x, -300, 300), -300, 300, 40, 280);
        // -300 ～ 300までを40 ～ 280にマッピング
    y = map(constrain(y, -300, 300), -300, 300, 240, 0);
        // -300 ～ 300までを240 ～ 0にマッピング
    M5.Lcd.fillCircle(oldx, oldy, 7, BLACK); // 古い点を消す  ←課題4の対策
    drawGrid();                              // 座標を描く
    M5.Lcd.fillCircle(x, y, 7, WHITE);       // 新しい点を描く
    oldx = x;  // 今描いた点を記録
    oldy = y;
}


float offset[3];  // オフセット  ←課題1の対策
#define MOVINGAVG 10  // 移動平均の長さ  ←課題3の対策
float movingavgx[MOVINGAVG], movingavgy[MOVINGAVG];  // 移動平均バッファ
int _indx = 0;  // 移動平均のインデックス

void setup() {
    M5.begin();  // M5Stack を初期化する
    Wire.begin();  // I2C通信を初期化
    IMU.initMPU9250();  // MPU9250 を初期化
    IMU.calibrateMPU9250(IMU.gyroBias, IMU.accelBias);  // MPU9250 をキャリブレート

    readAccelMulti(offset, MULTISAMPLE);
        // 加速度データを取得し、オフセット値にする  ←課題1の対策
    // 移動平均バッファの初期値をセット  ←課題3の対策
    for (int i = 0; i < MOVINGAVG; i++) {
        movingavgx[i] = offset[0];
        movingavgy[i] = offset[1];
    }
}

void loop() {
    float ax, ay;
    float accel[3];

    M5.update();

    readAccelMulti(accel, MULTISAMPLE);  // 加速度データを取得  ←課題2の対策

    // 移動平均を計算  ←課題3の対策
    movingavgx[_indx] = accel[0];
    movingavgy[_indx] = accel[1];
    _indx = (_indx + 1) % MOVINGAVG;
```

```
    ax = ay = 0;
    for (int i = 0; i < MOVINGAVG; i++) {
        ax += movingavgx[i];
        ay += movingavgy[i];
    }
    ax /= MOVINGAVG;
    ay /= MOVINGAVG;

    if (M5.BtnA.wasPressed()) {  // ボタンAが押されていたら   ←課題1の対策
        offset[0] = ax;  // 現在の加速度データをオフセット値にセット
        offset[1] = ay;
    }
    drawSpot((int)((ax - offset[0]) * 1000), (int)((ay - offset[1]) * 1000));
         ↑課題1の対策
    delay(100);
}
```

5

スケッチ5.3をビルドして動かすと、表示が安定し、M5Stackを傾けたときの点の動きもゆっくりなことが確認できると思います。なお、オフセット値で補正しても、しばらく置いておくと水平を示す点が中心からずれてしまいます。その対策としてスケッチ5.3では、ボタンAを押すと、その時点でオフセット値を再設定する機能を組み込みました。

ここでは課題1から4の対策を一度に盛り込みましたが、実際には1つずつ動作確認しながら改善していくとよいでしょう。簡単なスケッチからスタートし、動作確認をしながら課題を改善していく、ステップ・バイ・ステップの開発方法は、スケッチを理解しながら徐々に機能を追加、改善できるので、お薦めです。

コラム

M5Stack GrayとFireのIMU（慣性計測ユニット）

M5Stack GrayとFireのIMU（慣性計測ユニット）のチップは、出荷時期によって種類が違います。2019年8月以前のものはMPU9250というチップが使われていましたが、それ以降はMPU6886という加速度・ジャイロセンサとBMM150という磁気センサの組み合わせに変わりました。

外観ではどちらのIMUチップが使われているか区別が付きませんが、次のスケッチ（IMUcheck.ino）を動かすことで判定できます。

M5Stackで電子工作してみよう（アドバンスド編）

129

```
#include <M5Stack.h>
#include <Wire.h>

#define MPU9250_ADDRESS 0x68  // I2Cアドレス。MPU6886と共通
#define WHO_AM_I_MPU9250   0x75 // MPU6886と共通

void setup() {
    unsigned char whoami;

    M5.begin();
    M5.Lcd.setCursor(20, 40);
    M5.Lcd.setTextSize(2);

    Wire.begin();
    Wire.beginTransmission(MPU9250_ADDRESS);
    Wire.write(WHO_AM_I_MPU9250);
    Wire.endTransmission(false);
    Wire.requestFrom(MPU9250_ADDRESS, 1);
    whoami = Wire.read();

    if (whoami == 0x71) {
        M5.Lcd.print("MPU9250 inside");
    } else if (whoami == 0x19) {
        M5.Lcd.print("MPU6886 inside");
    } else {
        M5.Lcd.print("unknown device");
    }
    M5.Lcd.printf(" (%02x)", whoami);
}

void loop() {
}
```

　本書は、従来のIMUチップであるMPU9250をベースにして解説しています。新しいIMUチップであるMPU6886＋BMM150に対応したスケッチや解説については、今後フォローサイトに掲載していきます。

(3) コンパスを作る

図5.10　コンパス

　次は磁気センサを使って、コンパスを作ってみましょう。

　磁気センサは磁力の方向と強さを測るセンサです。地球が持つ磁気（地磁気）を磁気センサで調べることで、北の方向を知ることができます。

■ AK8963にアクセスする

　M5StackのGray、M5GO、Fireに搭載されている磁気センサは、MPU9250の中にあるAK8963というセンサです。早速この、AK8963にアクセスして、磁気データを調べてみます。

　AK8963は、MPU9250と同じく**MPU9250**オブジェクトでアクセスします。AK8963にアクセスして、磁気データを取得する流れは**図5.11**のようになります。

図5.11　AK8963にアクセスする流れ

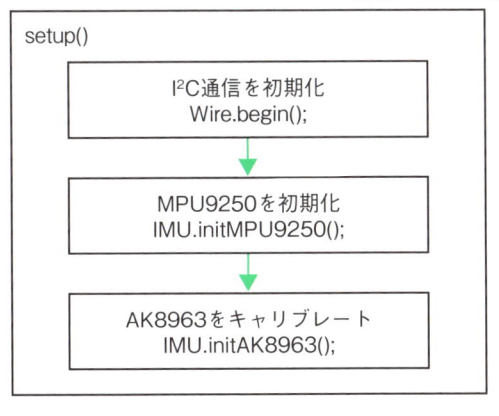
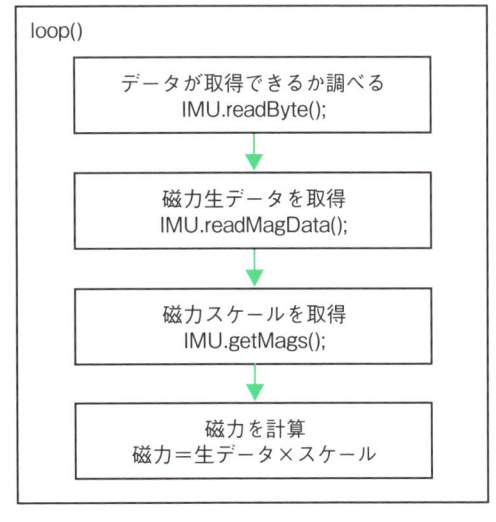

磁気データを取得して、シリアル回線に出力するスケッチは次のようになります。

```
#include <M5Stack.h>
#include "utility/MPU9250.h"

#define MULTISAMPLE 10  // 複数回測定する回数

MPU9250 IMU;  // MPU9250のオブジェクトを定義

void readMagMulti(float * mag, int multi) {  // 磁気を複数(multi)回測定して、平均する
    float mx, my, mz;

    mx = my = mz = 0.0;
    for (int i = 0; i < multi; i++) {
        while (! (IMU.readByte(AK8963_ADDRESS, AK8963_ST1) & 0x01)) ;
        IMU.readMagData(IMU.magCount);  // MPU9250の磁気データを取得
        IMU.getMres(); // get accelerometer scales saved to "aRes"
        mx += (float)IMU.magCount[0] * IMU.mRes * IMU.magCalibration[0]
            - IMU.magbias[0];
        my += (float)IMU.magCount[1] * IMU.mRes * IMU.magCalibration[1]
            - IMU.magbias[1];
        mz += (float)IMU.magCount[2] * IMU.mRes * IMU.magCalibration[2]
            - IMU.magbias[2];
    }
    mag[0] = mx / multi;  // 平均値を計算する
    mag[1] = my / multi;
    mag[2] = mz / multi;
}

void setup() {
    M5.begin();  // M5Stackを初期化する
    Wire.begin();  // I2C通信を初期化
    IMU.initMPU9250();  // MPU9250を初期化
    IMU.initAK8963(IMU.magCalibration);  // AK8963をキャリブレート

    Serial.begin(115200);  // シリアル回線を初期化
    while (!Serial) ;  // シリアル回線が準備できるまで待つ
}

void loop() {
    float mag[3];

    readMagMulti(mag, MULTISAMPLE);
```

```
    Serial.printf("%.0f, %.0f, %.0f¥r¥n", mag[0], mag[1], mag[2]);
}
```

スケッチ5.4では、磁気データのゆらぎを抑えるために、データを10回測定して平均を取っています。スケッチ5.4をビルドして、動かしてみましょう。Arduino IDEの右上にあるシリアルモニタボタンを押して、シリアルモニタを立ち上げてください。回線速度を「115200bps」に設定すると、x軸、y軸、z軸方向の磁気の強さが表示されます。

図5.12 シリアルモニタに磁気データが表示される

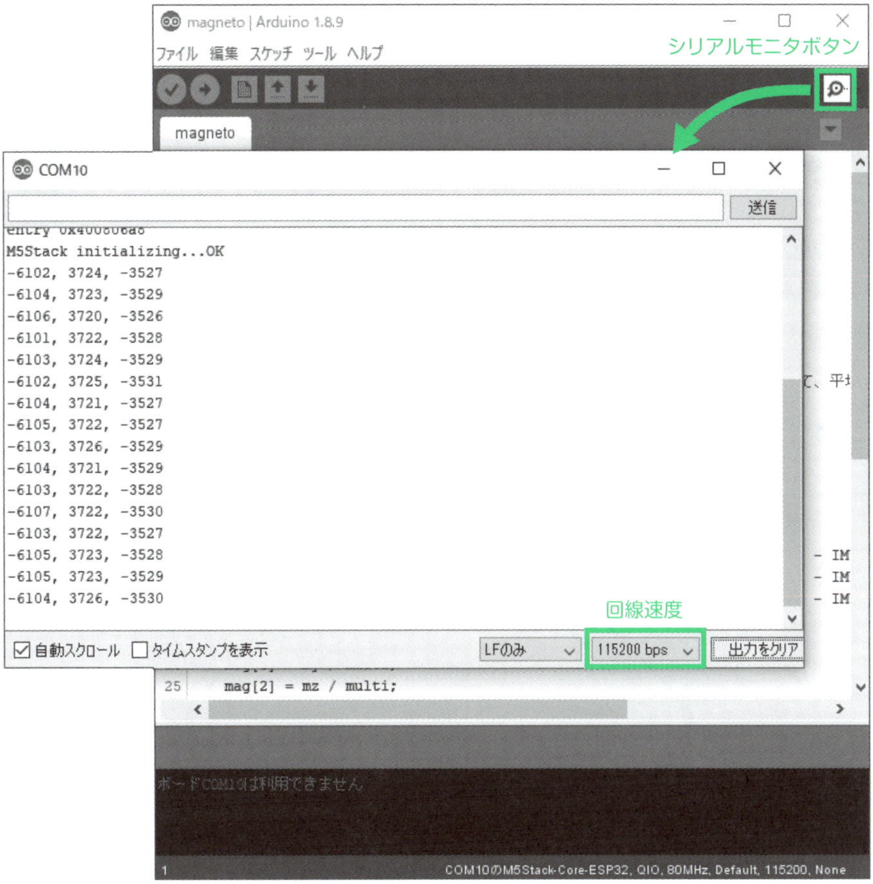

シリアル回線には、Serialというオブジェクトでアクセスします。begin関数で初期設定をおこない、print、println、printf関数で出力します。シリアル回線に出力した文字は、USBケーブルを経由してパソコンのシリアルモニタに表示されます。begin関数で設定する回線速度と、シリアルモニタの回線速度が同じになるようにしてください。

```
void Serial.begin(speed);
```

説明 シリアル回線の速度をspeedに設定して使い始める

パラメータ

- speed：回線速度（ボー）

戻り値 なし

例
```
Serial.begin(115200);
```

```
Serial
```

説明 シリアル回線が利用可能か調べる

値 シリアル回線が利用可能なら真、そうでないなら偽

例
```
while (!Serial); // シリアル回線が利用可能になるまで待つ
```

`print`、`println`、`printf`関数の仕様については、LCDに出力する**M5.Lcd.print**などと同じです。

■ 磁石やスピーカーの影響を取り除く

M5Stackをリセットして**スケッチ5.4**を起動し、水平を維持したままM5Stackを1周回し、x、y、z軸の磁気の強さをシリアルモニタに出力します。

図5.13　M5Stackを水平にしたまま、16回で1周回す

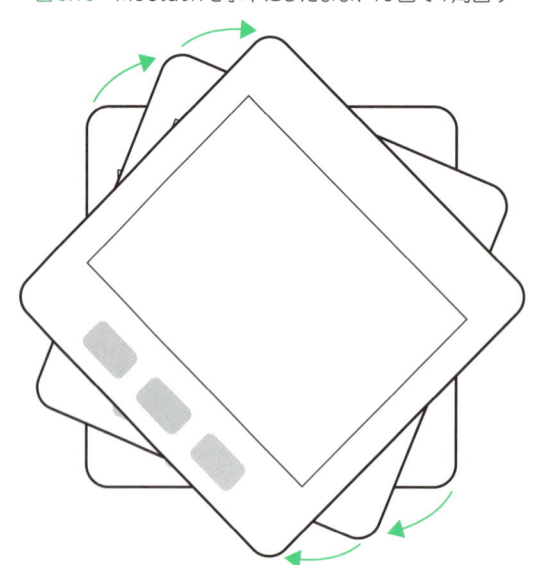

出力した数値をExcelにコピー・ペーストして、x軸とy軸の値を散布図にしたものが**図5.14**です。

図5.14　水平に回したときのx、y軸の磁気の強さ

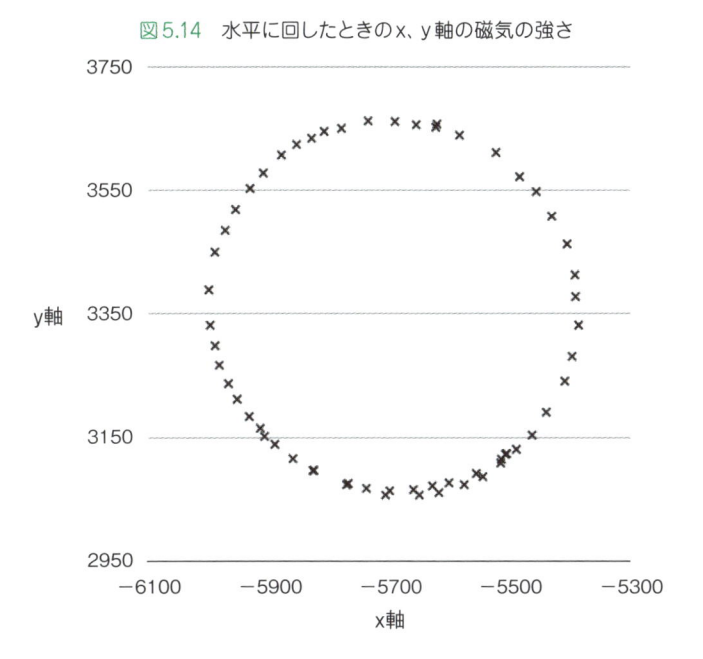

　M5Stackを水平にして360°回したので、一定の強さの地磁気が円状にプロットされていますが、円の中心が（0，0）ではなく、（−5700，3350）ぐらいの値です。これはM5Stackに内蔵される磁石やスピーカーの磁力の影響です。M5Stackを回しても、内蔵される磁石やスピーカーの磁気センサからの相対位置は変わらないので、磁気センサから見ると、常に同じ方向から同じ強さの磁力が測定されます。

　測定値のx軸、y軸それぞれの最小値と最大値の真ん中から円の中心となる磁気の強さを計算し、その値をオフセット値として測定値から差し引くことで、内蔵される磁石やスピーカーの磁力の影響を取り除くことができます。

　オフセット値を求めるスケッチの部分は次のようになります（スケッチ全体は**スケッチ5.7**です）。M5Stackを1周（360°）回す間に16回磁気を測定することにしました。測定するたびにピッと音を出しているので、音に合わせて4回で90°回すペース（1回22.5°）で1周回し、オフセット値を計算します。

スケッチ5.5　compass.ino（抜粋）

```
float mag[3];
float minX, maxX, minY, maxY;
minX = minY = 10000.0;
maxX = maxY = -10000.0;

for (int i = 0; i < 16; i++) {
```

```
        readMagMulti(mag, MULTISAMPLE);   // 磁力を測る
        minX = min(minX, mag[0]);  // 最小値を見つける
        minY = min(minY, mag[1]);
        maxX = max(maxX, mag[0]);  // 最大値を見つける
        maxY = max(maxY, mag[1]);
        beep(1000, 100, 2);           // ピッと鳴らす
    }
    beep(1000, 500, 2);
    offset[0] = (minX + maxX) / 2;  // 最小値と最大値の真ん中をオフセット値にする
    offset[1] = (minY + maxY) / 2;
```

x軸方向とy軸方向の磁力mxとmyは、磁気センサで測った磁力の値からオフセット値を引くことで求められます。

```
    float mx, my;
    float mag[3];

    readMagMulti(mag, MULTISAMPLE);

    mx = mag[0] - offset[0];
    my = mag[1] - offset[1];
```

この磁力の向きを調べるために、座標 (0, 0) から (mx, my) への角度を計算します。これはatan2 (アーク・タンジェント・ツー) という関数で求められます。なお、atan2関数は角度を**ラジアン**という単位で返すので、度数を求める場合は、次のようにdegreesという関数でラジアンを度数に変換する必要があります。

```
    int angle = (int)degrees(atan2(my, mx));
```

図5.15　atan2

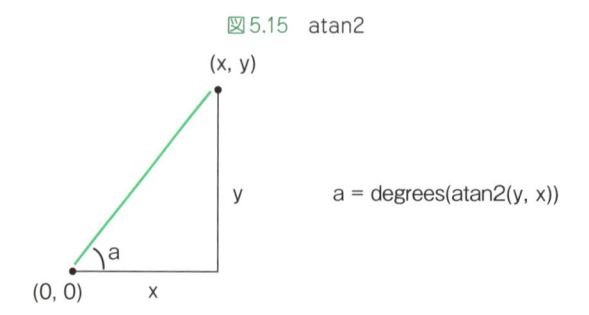

磁力の方向が分かったので、これをLCDに表示することを考えます。

■ 角度を指定して線を描く

角度のある線を描くために、専用の関数があると便利です。MicroPythonには**drawLineByAngle**という関数があるので、そのインタフェースを参考にして関数を作ります。

```
void drawLineByAngle(int16_t x, int16_t y, int16_t start, int16_t length,
    int16_t angle, int thick, uint16_t color);
```

説明 　中心座標（x, y）と線を描き始める位置、線の長さ、角度、太さ、色を指定して線を描く

パラメータ

- int16_t x, y：中心座標
- int16_t start：線を描き始める位置
- int16_t length：線の長さ
- int16_t angle：線の角度（度で指定）
- int thick：線の太さ
- uint16_t color：線の色

戻り値 　なし

例 　`drawLineByAngle(160, 120, 0, 85, angle, 1, RED);`

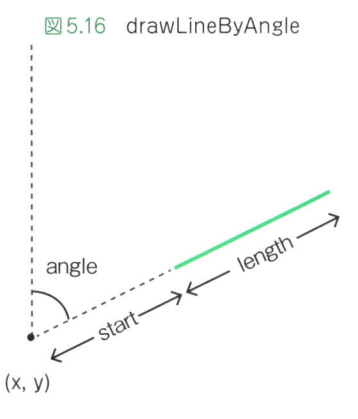

図5.16　drawLineByAngle

始点の座標は次のように計算できます。

```
(x + start * sin(radians(angle)), y - start * cos(radians(angle)))
```

Arduinoの三角関数**sin**（サイン）、**cos**（コサイン）は、角度をラジアンという単位で扱います。そのため、度数をラジアンに変換する関数である**radians**（ラジアン）を利用しています。

drawLineByAngleの中身は次のようになります。

137

スケッチ5.6　drawlinebyangle.cpp

```
void drawLineByAngle(int16_t x, int16_t y, int16_t start, int16_t length,
    int16_t angle, int thick, uint16_t color) {
    float x0 = x + start * sin(radians(angle));
    float y0 = y - start * cos(radians(angle));
    float x1 = x + (start + length) * sin(radians(angle));
    float y1 = y - (start + length) * cos(radians(angle));
    for (int i = 0; i < thick; i++) {
        M5.Lcd.drawLine(x0, y0 - i, x1, y1 - i, color);
    }
}
```

この関数をdrawlinebyangle.cppというファイルにして、本体のスケッチ（compass.ino）と同じフォルダ（compass）に置いておくと、本体のスケッチから関数を呼び出すことができます。

これにはまず、Arduino IDEのツールバーの右下の「▼」印をクリックして表示されるメニューで、「新規タブ」を選択します。

図5.17　新規タブを作る

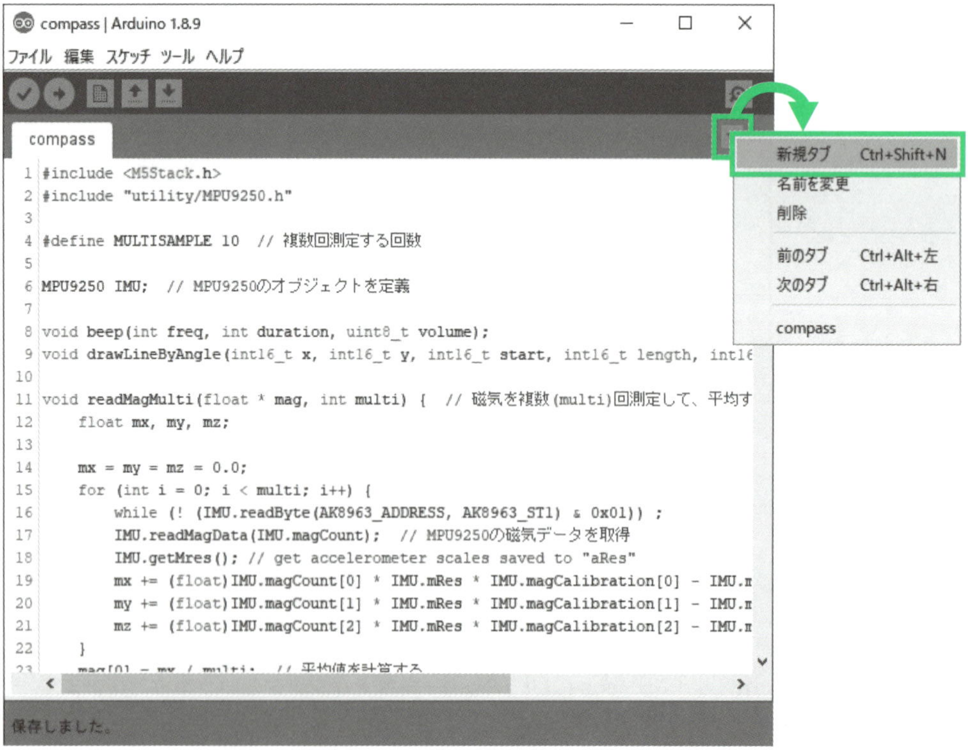

　新規ファイルの名前として**drawlinebyangle.cpp**を入力して、「OK」をクリックすると、新規タブが作られます。

図5.18　新規ファイル名をつける

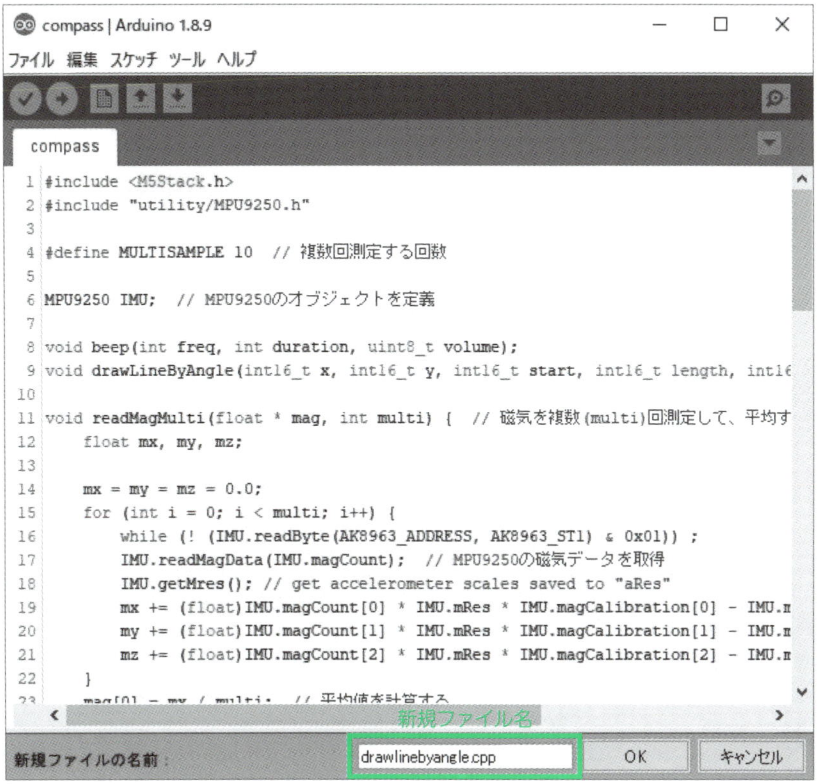

　新しくできたタブに**スケッチ5.6**の中身を入力します。別のファイルにするので、先頭に**M5Stack.h**ファイルのインクルードも必要です。

図 5.19　新規タブにスケッチを入力する

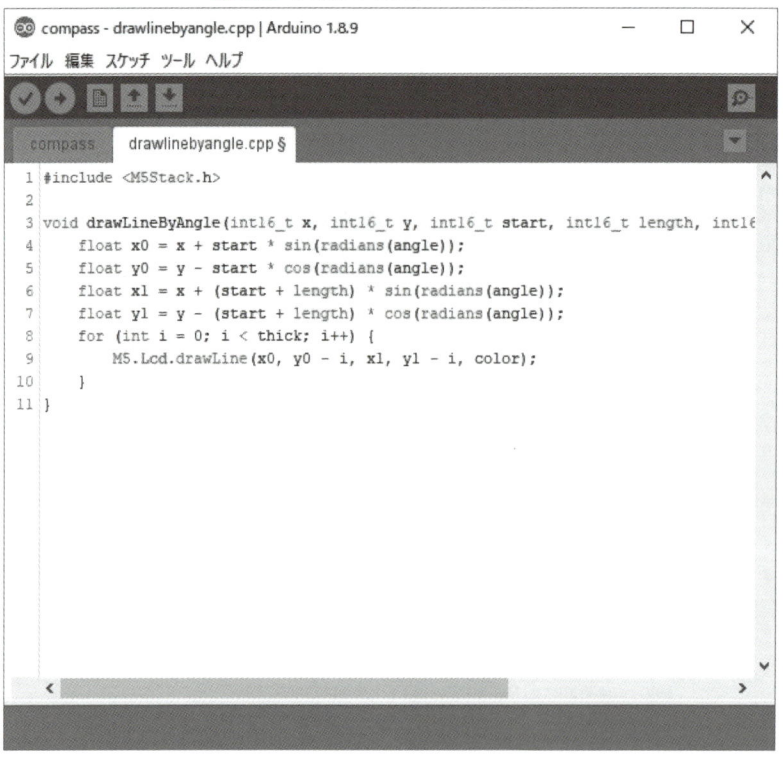

```
compass - drawlinebyangle.cpp | Arduino 1.8.9          —   □   ×
ファイル 編集 スケッチ ツール ヘルプ

  compass    drawlinebyangle.cpp §
 1  #include <M5Stack.h>
 2
 3  void drawLineByAngle(int16_t x, int16_t y, int16_t start, int16_t length, int16
 4      float x0 = x + start * sin(radians(angle));
 5      float y0 = y - start * cos(radians(angle));
 6      float x1 = x + (start + length) * sin(radians(angle));
 7      float y1 = y - (start + length) * cos(radians(angle));
 8      for (int i = 0; i < thick; i++) {
 9          M5.Lcd.drawLine(x0, y0 - i, x1, y1 - i, color);
10      }
11  }
```

こうすると **drawlinebyangle.cpp** というファイルがスケッチと同じフォルダに作られます。

第4章のbeep関数（**スケッチ4.3**）も同じように **beep.cpp** というファイルに記述して、本体のスケッチと同じフォルダ（compass）に置きます。compass フォルダの中は次のようになります。

```
スケッチフォルダ¥compass¥
  ├ compass.ino
  ├ drawlinebyangle.cpp
  └ beep.cpp
```

■ コンパスのスケッチ

コンパス本体のスケッチは次のようになります。

スケッチ 5.7　compass.ino

```
#include <M5Stack.h>
#include "utility/MPU9250.h"
```

```
#define MULTISAMPLE 10   // 複数回測定する回数

MPU9250 IMU;   // MPU9250のオブジェクトを定義

void beep(int freq, int duration, uint8_t volume);
void drawLineByAngle(int16_t x, int16_t y, int16_t start, int16_t length,
    int16_t angle, int thick, uint16_t color);

void readMagMulti(float * mag, int multi) {   // 磁気を複数(multi)回測定して、平均する
    float mx, my, mz;

    mx = my = mz = 0.0;
    for (int i = 0; i < multi; i++) {
        while (! (IMU.readByte(AK8963_ADDRESS, AK8963_ST1) & 0x01)) ;
        IMU.readMagData(IMU.magCount);   // MPU9250の磁気データを取得
        IMU.getMres(); // get accelerometer scales saved to "aRes"
        mx += (float)IMU.magCount[0] * IMU.mRes * IMU.magCalibration[0]
            - IMU.magbias[0];
        my += (float)IMU.magCount[1] * IMU.mRes * IMU.magCalibration[1]
            - IMU.magbias[1];
        mz += (float)IMU.magCount[2] * IMU.mRes * IMU.magCalibration[2]
            - IMU.magbias[2];
    }
    mag[0] = mx / multi;   // 平均値を計算する
    mag[1] = my / multi;
    mag[2] = mz / multi;
}

void drawGrid() {
    for (int i = 0; i < 360; i += 5) {   // 5°ごとの目盛りを描く
        drawLineByAngle(160, 120, 100 - 10, 10, i, 1, WHITE);
    }
    for (int i = 0; i < 360; i += 30) {   // 30°ごとの目盛りを描く
        drawLineByAngle(160, 120, 100 - 15, 15, i, 1, WHITE);
        M5.Lcd.setCursor(160 + 115 * sin(radians(i)) - 5,
                    120 - 115 * cos(radians(i)));
        if (i % 90 == 0) {   // 90°ごとにN、E、S、Wを書く
            M5.Lcd.print("NESW"[i / 90]);
        } else {
            M5.Lcd.print(i);
        }
    }
}

float offset[2];   // オフセット
```

141

```cpp
void setup() {
    M5.begin();  // M5Stack を初期化する
    Wire.begin();  // I2C通信を初期化
    IMU.initMPU9250();
    IMU.initAK8963(IMU.magCalibration);

    float mag[3];
    float minX, maxX, minY, maxY;
    minX = minY = 10000.0;
    maxX = maxY = -10000.0;

    for (int i = 0; i < 16; i++) {
        readMagMulti(mag, MULTISAMPLE);  // 磁力を測る
        minX = min(minX, mag[0]);  // 最小値を見つける
        minY = min(minY, mag[1]);
        maxX = max(maxX, mag[0]);  // 最大値を見つける
        maxY = max(maxY, mag[1]);
        beep(1000, 100, 2);        // ピッと鳴らす
    }
    beep(1000, 500, 2);
    offset[0] = (minX + maxX) / 2;  // 最小値と最大値の真ん中をオフセット値にする
    offset[1] = (minY + maxY) / 2;

    drawGrid();
}

int oldangle = 0;

void loop() {
    float mx, my;
    float mag[3];

    readMagMulti(mag, MULTISAMPLE);  // 磁力を測る

    mx = mag[0] - offset[0];  // オフセット値を引く
    my = mag[1] - offset[1];
    int angle = (int)degrees(atan2(my, mx));  // 角度を計算する

    drawLineByAngle(160, 120, 0, 85, oldangle, 1, BLACK);  // 古い線を消す
    drawLineByAngle(160, 120, 0, 85, oldangle - 180, 1, BLACK);
    drawLineByAngle(160, 120, 0, 85, angle, 1, RED);  // 新しい線の北側を描く
    drawLineByAngle(160, 120, 0, 85, angle - 180, 1, WHITE);  // 南側を描く

    oldangle = angle;
}
```

setup関数の中で磁力のオフセット値を計算し、**offset**というグローバル変数にセットします。**loop**関数の中では、まず磁力を測り、オフセット値を使って内蔵する磁石などの影響を取り除いて、磁力の角度を計算します。そして、**drawLineByAngle**関数を使い、LCDの中心から求めた角度（北の方角）に赤い線を、反対側の南の方角に白い線を描いています。

ここでも**fillScreen**を使わずに画面を更新するために、先に古い線の上に黒い線を上書きして消してから、新しい線を描くようにしました。

drawGrid関数は目盛りを描く関数です。解説は省略しますが、どんな処理をしているか、スケッチを確認してみてください。

このスケッチをビルドして、実行形式のファイルをM5Stackに書き込みます。書き込んだらUSBケーブルを外し、最初にピッ、ピッと鳴るたびに4回で90°を目安にM5Stackを回して、オフセット値を計算すると、北の方角を指すコンパスが動き始めます。

 5.2　アナログ表示の温湿度計を作る

第4章で、デジタル温湿度センサSi7021を使って温度と湿度を測り、値を数字で表示しました。**スケッチ5.6**で角度を指定して線を描く**drawLineByAngle**関数を作ったので、これを使って、温度と湿度を針で指し示す温湿度計を作ってみましょう。

デザインはアイデア次第ですが、今回は**図5.20**のように温度と湿度を扇型のメーターで表示します。

図5.20　アナログ表示の温湿度計

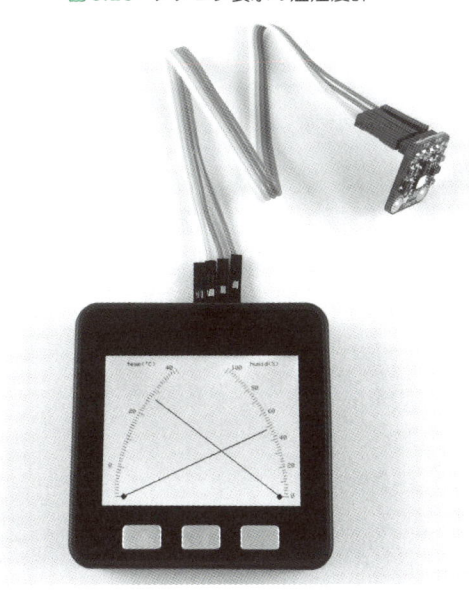

（1）温度、湿度を針で表示する

　針や目盛りのレイアウトは、フリーハンドで下絵を書いて、針などの部品の座標を決めていきます。ここでは温度を右下の (286, 225) の位置を針の中心にして、左上のほうに表示します（**図5.21**）。温度が−10℃のときに、270°の角度、40℃のときに320℃の角度になるように針を動かすことにします。

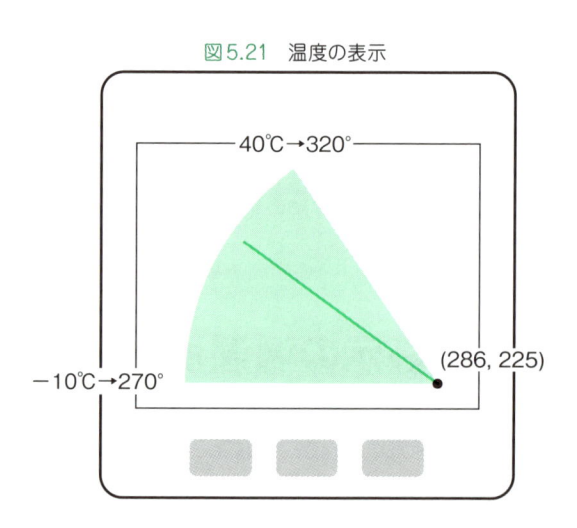

図5.21　温度の表示

40℃→320°

−10℃→270°

(286, 225)

　loop関数の中で、センサから温度を取得して、針で表示する部分だけを抜き出すと、次のようになります。

スケッチ5.8　si7021_analog.ino（抜粋）

```
void loop() {
    float temp = sensor.readTemperature();    // Si7021から温度を読む

    drawLineByAngle(286, 225, 0, R - 12, map(temp, -10, 40, 270, 320), 2, BLACK);
        // 針を描く

    delay(1000);
}
```

　温度が−10℃のときに270°の角度、40℃のときに320℃の角度になるように、map関数を使って温度を針の角度に変換しています。

　スケッチ5.8 は説明のために一部省略しています。このままだと、新しく温度を測って線を描いても、前の線が残ってしまいます。そこで、前の温度の値を覚えておいて、前の線を白い線で上書きし

て消してから、新しい線を描くことにします。

　同様に、湿度については左下の (34, 225) の位置を針の中心にして、右上のほうに表示します。そして湿度が0%のときに90°の角度、100%のときに40°の角度になるように針を動かすことにします。

　スケッチ全体は次のようになります。

スケッチ5.9　si7021_analog.ino

```
#include <M5Stack.h>

#include "Adafruit_Si7021.h"

// Adafruit_Si7021オブジェクトを初期化する
Adafruit_Si7021 sensor = Adafruit_Si7021();

const int R = 266;
const int Xt = 286;   // 温度計の針の中心座標
const int Yt = 225;
const int Xh = 34;    // 湿度計の針の中心座標
const int Yh = 225;

void drawLineByAngle(int16_t x, int16_t y, int16_t start, int16_t length,
    int16_t angle, int thick, uint16_t color);

void drawScale() {
    M5.Lcd.setCursor(35, 10);
    M5.Lcd.print("temp('C)");
    for (int i = -10; i <= 40; i++) {
        int l1 = (i % 10) ? 5 : 10;
        drawLineByAngle(Xt, Yt, R - l1, l1, map(i, -10, 40, 270, (270 + 50)),
            1, BLACK);
        if (i % 20 == 0) {
            int a = map(i, -10, 40, 0, 50);
            M5.Lcd.setCursor(Xt - R * cos(radians(a)) - 15,
                            220 - R * sin(radians(a)));
            M5.Lcd.print(i);
        }
    }
    M5.Lcd.setCursor(240, 10);
    M5.Lcd.print("humid(%)");
    for (int i = 0; i <= 100; i += 2) {
        int l1 = (i % 10) ? 5 : 10;
        drawLineByAngle(Xh, Yh, R - l1, l1, map(i, 0, 100, 90, (90 - 50)),
            1, BLACK);
```

```
        if (i % 20 == 0) {
            int a = map(i, 0, 100, 0, 50);
            M5.Lcd.setCursor(R * cos(radians(a)) + Xh + 5,
                             220 - R * sin(radians(a)));
            M5.Lcd.print(i);
        }
    }
}

void setup() {
    M5.begin();  // M5Stackを初期化する
    Serial.begin(115200);
    while (!Serial) ;

    if (!sensor.begin()) {  // Si7021を初期化する
        Serial.println("Did not find Si7021 sensor!");
        while (true) ;
    }

    M5.Lcd.fillScreen(WHITE);
    M5.Lcd.setTextColor(BLACK, WHITE);

    drawScale();
}

float oldtemp = 0;
float oldhumid = 0;

void loop() {
    float temp = sensor.readTemperature();   // Si7021から温度を読む
    float humid = sensor.readHumidity();     // Si7021から湿度を読む

    drawLineByAngle(Xt, Yt, 0, R - 12,
        map(oldtemp, -10, 40, 270, (270 + 50)), 2, WHITE);  // 古い針を消す
    drawLineByAngle(Xh, Yh, 0, R - 12,
        map(oldhumid, 0, 100, 90, (90 - 50)), 2, WHITE);

    drawLineByAngle(Xt, Yt, 0, R - 12,
        map(temp, -10, 40, 270, (270 + 50)), 2, BLACK);  // 新しい針を描く
    drawLineByAngle(Xh, Yh, 0, R - 12,
        map(humid, 0, 100, 90, (90 - 50)), 2, BLACK);
    M5.Lcd.fillCircle(Xt, Yt, 4, BLACK);
    M5.Lcd.fillCircle(Xh, Yh, 4, BLACK);

    oldtemp = temp;
    oldhumid = humid;
```

```
    delay(1000);
}
```

スケッチ5.9と drawlinebyangle.cpp を同じフォルダに置きます。

```
スケッチフォルダ¥si7021_analog¥
    ├ si7021_analog.ino
    └ drawlinebyangle.cpp
```

第4章と同様にSi7021とM5Stackを接続し、**スケッチ5.9**をビルドして動かすと、この節の最初に示した**図5.20**のようなアナログ表示の温湿度計ができあがります。

5.3 サーボモーターを制御する

モーターというと、ぐるぐる回転するものを思い浮かべるでしょうか。**サーボモーター**は、制御信号によってある角度まで回転し、その角度を維持するモーターです（**図5.22**）。ラジコンカーの方向の制御や、ロボットアームの関節など、電子工作でよく使われる部品です。

図5.22　サーボモーター SG90

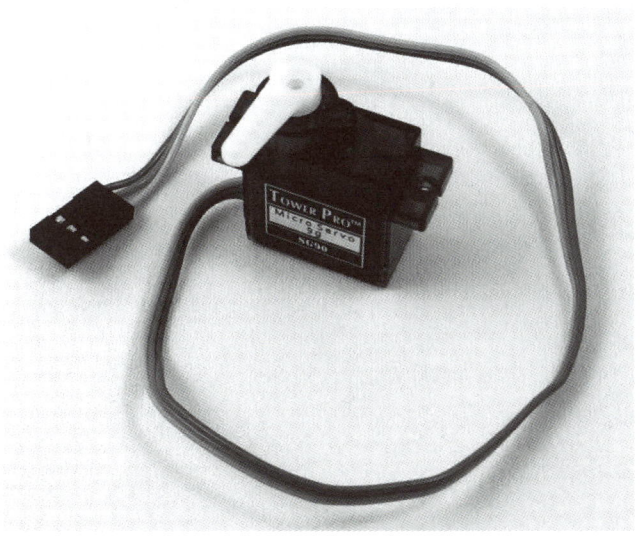

本節では、電子工作でよく使われる単純なサーボモーターであるSG90を使い、M5Stackでサーボモーターを制御する方法を見ていきます。

（1）基本的な制御方法

SG90の仕様は次のようになっています。

- PWM周期：20ミリ秒
- 制御パルス：0.5ミリ秒〜2.4ミリ秒
- 制御角：±約90°（180°）
- トルク：1.8kgf・cm
- 動作速度：0.1秒/60°
- 動作電圧：4.8V（〜5V）

　SG90は、周期的にオン・オフする信号（パルス）を送ることで制御します。オンになっている時間（幅）を変えると、それに応じてモーターの角度が変わります。このような周期的にオン・オフする信号を**パルス信号**、あるいは**PWM**（Pulse Width Modulation：パルス幅変調）信号といいます。信号がオンになっている時間幅を**パルス幅**といい、パルス幅とPWM周期の比率を**デューティ比**といいます。また、パルス幅での制御を**PWM制御**と呼びます。

図5.23　PWM信号

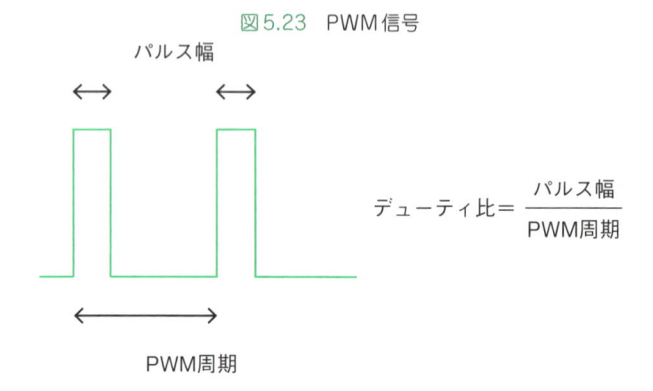

　SG90はPWM信号の周期（PWM周期）が20ミリ秒で、パルス幅を0.5ミリ秒にするとモーター角度が−90°に、1.45ミリ秒にすると0°に、2.4ミリ秒にすると＋90°になります（**図5.24**）。

図5.24　サーボモーター SG90 の制御

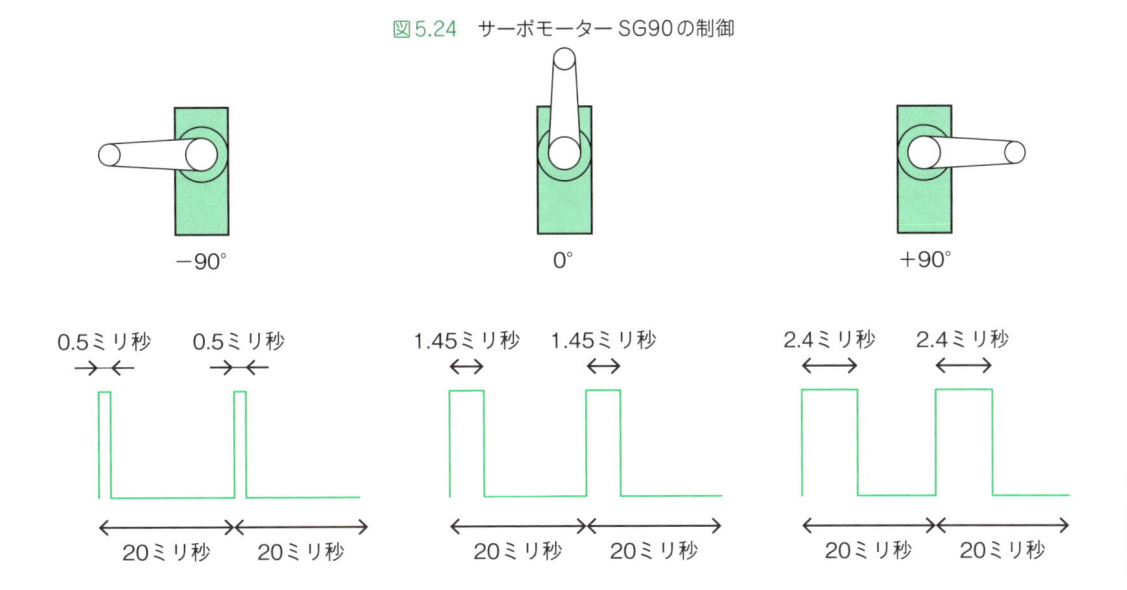

−90°　　　　　　　　0°　　　　　　　　+90°

(2) M5StackからPWM信号を出力する

　Arduino でPWM信号を出力する方法は、マイコンの機種によって異なります。Arduinoの基本モデルである Arduino UNO では、**analogWrite**関数でPWM信号を出力できます。また、サーボモーターを制御する **Servo** というライブラリも提供されています。

　M5Stack に搭載されているESP32 では、**analogWrite**関数は提供されておらず、**Servo** ライブラリもありません。ESP32でPWM信号を出力するには、LEDの明るさを制御するために用意された **ledc** ライブラリを使います。

　ESP32でPWM信号を出力する流れは**図5.25**のようになります。

図5.25　ESP32でPWM信号を出力する流れ

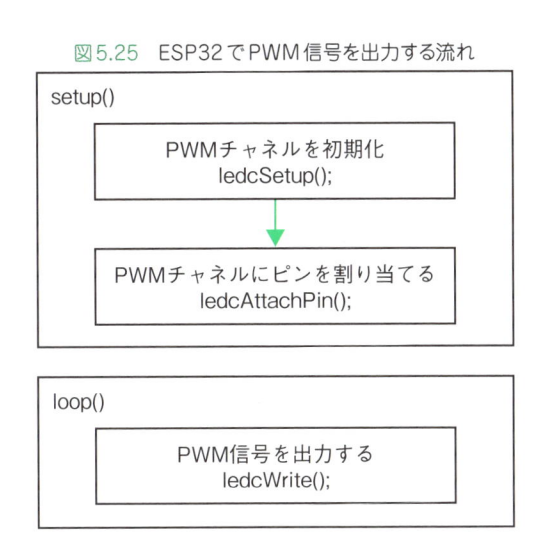

ESP32のArduinoには16個のPWM制御チャネルがあります。それぞれのチャネルにはカウンタがあり、**ledcSetup**関数でPWMチャネルの周波数とカウンタのビット数を指定し、初期設定します。カウンタの最大値は2のビット数乗－1、つまりカウンタのビット数が10なら最大値は1023になります。

```
double ledcSetup(uint8_t channel, double freq, uint8_t resolution_bits);
```
説明 PWMチャネルを初期設定する
パラメータ
- uint8_t channel：チャネル。0 ～ 15
- double freq：周波数
- uint8_t resolution_bits：分解能（ビット数）

戻り値 設定された周波数
例 `ledcSetup(15, 50, 10);`

ledcAttachPin関数でPWMチャネルにピンを割り当てます。ESP32のどのGPIOピンでも割り当てることができます。

```
void ledcAttachPin(uint8_t pin, uint8_t channel);
```
説明 PWMチャネルにピンを割り当てる
パラメータ
- uint8_t pin：割り当てるピン番号
- uint8_t channel：チャネル

戻り値 なし
例 `ledcAttachPin(2, 15);`

ledcWrite関数で**duty**を設定すると、**duty**値の分だけ出力がHIGHになります。例えば**ledcSetup**関数で**resolution_bits**を10に設定するとカウンタの最大値は1023になり、それに対して**duty**を512に設定するとデューティ比50%のPWM信号が出力されます。

```
void ledcWrite(uint8_t channel, uint32_t duty);
```
説明 PWMチャネルにパルス幅を設定する
パラメータ
- uint8_t channel：チャネル
- uint32_t duty：パルス幅

戻り値 　なし

例 　`ledcWrite(15, 26);`

（3）M5StackでサーボモーターSG90を制御する

SG90をM5Stackにつなぎます。PWM信号の出力はどのピンでもよいので、ここではGPIO2を使うことにします。SG90の電源は4.8Vですが、M5Stackの5Vにつなぐと、電流が流れすぎてM5Stackの動作が不安定になることがあるので、3V3につなぎます。

図5.26　M5StackにSG90をつなぐ

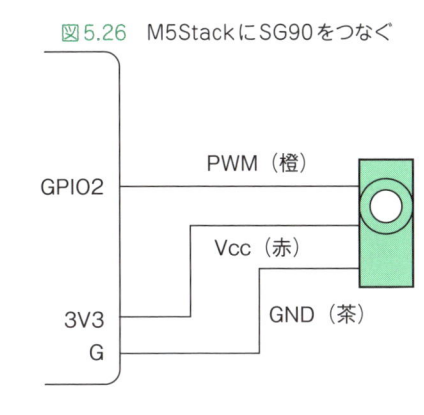

SG90を制御するスケッチは次のようになります。ここでは1回だけサーボモーターを動かすために、PWM信号を出力する部分をsetup関数に含めています。

スケッチ5.10　servo.ino

```
#include <M5Stack.h>

void SG90write(int angle) {
    ledcWrite(15, map(constrain(angle, -90, 90), -90, 90, 123, 26));
        // -90°～90°を123～26に比例計算
}

void setup() {
    M5.begin();

    ledcSetup(15, 50, 10);   // (チャネル, 周波数, 分解能)
    ledcAttachPin(2, 15);    // (ピン番号, チャネル)

    // 角度を-90°から90°まで5°ずつ増やす
    for (int angle = -90; angle <= 90; angle += 5) {
        SG90write(angle);
        delay(100);
```

5

M5Stackで電子工作してみよう（アドバンスド編）

```
    }
}

void loop() {
}
```

ledcSetup関数でPWMのチャネル15を、周波数50Hz（20ミリ秒）、ビット数10（カウンタ最大値1023）で初期設定し、ledcAttachPin関数で、チャネル15をGPIO2に割り当てます。

SG90はパルス幅を0.5ミリ秒にするとモーター角度が-90°に、1.45ミリ秒にすると0°に、2.4ミリ秒にすると＋90°になります。PWM周期が20ミリ秒なので、0.5ミリ秒はデューティ比2.5%（＝0.5÷20）です。そのため、ledcWrite関数で指定するduty値を26（≒1024×2.5%）にすれば、モーター角度が-90°になります。同様にduty値を123（≒1024×2.4÷20）にすればモーター角度が＋90°になります。map関数を使うと、角度をduty値に変換できます。

```
duty = map(angle, -90, 90, 26, 123);
```

実際のスケッチ（**スケッチ5.10**）では、角度を−90°から＋90°の範囲に収めるために、constrain関数も使っています。また、−90°から＋90°のときのduty値を123から26と逆転させているのは、SG90を**図5.27**の向きに見たときに、−90°から＋90°の角度にするためです。

スケッチ5.10を動かすと、SG90が−90°から＋90°まで、0.1秒ごとに5°ずつ右に回転する様子を確認できます。

図5.27　サーボモーターを制御する

（4）スケッチをライブラリにする

センサのライブラリと同様に、SG90を制御するスケッチもライブラリにしておくと、いろいろな
スケッチから呼び出すことができて、便利です。ここでは、C++のクラス機能を使ってクラスライブ
ラリにします。

クラスライブラリを作るには、**スケッチ5.11**、**スケッチ5.12**のようにクラスの定義ファイルと中身
のファイルを作ります。

スケッチ5.11　SG90.h

```
#ifndef SG90_H
#define SG90_H

class SG90 {
public:
    SG90(void) {};
    virtual ~SG90(void) {};
    void begin(int pin, int ch);
    void write(int angle); // from -90 to +90
private:
    int _ch;  // チャネル番号
    const int _min = 26;  // (26/1024)*20ms ≒ 0.5 ms （-90°）
    const int _max = 123; // (123/1024)*20ms ≒ 2.4 ms (+90°)
};

#endif // SG90_H
```

クラス定義の中には、publicとprivateという記述があります。privateと書くと、その変数や関
数は、同じクラスの関数からしかアクセスできなくなります。このように制限することで意図しない
アクセスを避け、バグの入りにくいスケッチを作れるようになります。publicと書けば、変数や関数
はどこからでもアクセスできます。

このクラス定義では、SG90の初期設定をおこなうbeginという関数と、モーターを指定の角度に
設定するwriteという関数を定義しておきます。その他に、SG90という関数と~SG90という関数が必
要です。これらはコンストラクタ、デストラクタと呼ばれる関数で、このクラスのオブジェクトが作
られるとき、削除されるときに呼び出されます。中身は空でも大丈夫です。

privateと指定して、チャネル番号と、duty値の最小値と最大値を保持する変数も定義しておき
ます。

```cpp
#include "SG90.h"
#include <M5Stack.h>

void SG90::begin(int pin, int ch) {
    _ch = ch;
    ledcSetup(_ch, 50, 10);
    ledcAttachPin(pin, _ch);
    SG90::write(0);
}

void SG90::write(int angle) {
    ledcWrite(_ch, map(constrain(angle, -90, 90), -90, 90, _max, _min));
}
```

　クラスの中身では begin 関数と write 関数の処理を書きます。SG90:: は、その関数が SG90 クラスの関数であることを示しています。

　作ったファイルは本体のスケッチと同じフォルダに置きます。

　作成したライブラリを使って**スケッチ 5.10** を書き直すと、**スケッチ 5.13** のようになります。

```cpp
#include <M5Stack.h>
#include "SG90.h"        // クラスライブラリのヘッダファイルをインクルードする

SG90 sg90;               // SG90のオブジェクトを作る

void setup() {
    M5.begin();

    sg90.begin(2, 15);   // SG90を初期化する

    // 角度を-90°から90°まで5°ずつ増やす
    for (int angle = -90; angle <= 90; angle += 5) {
        sg90.write(angle);   // SG90のモーターを指定した角度に回す
        delay(100);
    }
}

void loop() {
}
```

　ライブラリを使うときは、クラスライブラリのヘッダファイル**SG90.h**をインクルードします。次に、SG90クラスのオブジェクトを作り、**begin**や**write**など、クラスで定義した関数を使ってオブジェクトを操作します。

　こうすることで、SG90の制御の詳細をクラスライブラリの中にまとめることができます。一旦ライブラリを作ってしまえば、後は制御の詳細を意識せず、**begin**関数で初期設定して、**write**関数でモーターを指定した角度に回すというインタフェースだけを利用してスケッチを作れるようになり、本体のスケッチの見通しがよくなります。

　例えば、温湿度センサSi7021で温度を測り、温度をサーボモーターの角度で表示するデバイスを作るとすると、スケッチは次のようになります。

スケッチ5.14　si7021_SG90.ino

```
#include <M5Stack.h>
#include "Adafruit_Si7021.h"
#include "SG90.h"

// Adafruit_Si7021オブジェクトを初期化する
Adafruit_Si7021 sensor = Adafruit_Si7021();
SG90 sg90;                  // SG90のオブジェクトを作る

void setup() {
    M5.begin();  // M5Stackを初期化する

    sensor.begin();  // Si7021を初期化する
    sg90.begin(2, 15);  // SG90を初期化する
}

void loop() {
    float temp = sensor.readTemperature();    // Si7021から温度を読む

    // 温度に応じてモーターの角度を変える
    sg90.write(map(constrain((int)temp, -10, 40), -10, 40, -90, -40));

    delay(1000);
}
```

5.4 離れたものの温度を測る

　日常で使う体温計も、第4章で使ったアナログ温度センサやデジタル温湿度センサも、センサに接しているものの温度を測ります。気温を測る場合も、温度センサに接している空気の温度を測っています。

　それに対して、離れたところの温度を測れる温度センサがあります。接していない物体の温度が測れることから、**非接触温度センサ**と呼ばれます。

　次はこの非接触温度センサを使って、離れたものの温度を測ってみましょう。

（1）非接触温度センサとは

　物体は熱に応じて赤外線や可視光線を放射しています。非接触温度センサは、比較的低温でも放射される赤外線の放射量を、**サーモパイル**と呼ばれる素子で受信して、離れた物体の表面温度を測るセンサです。

図5.28　非接触温度センサ

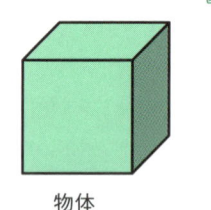

赤外線など

物体　　　　　　　　　　　　　　　　　非接触温度センサ

　M5Stackのセンサユニットの1つに「NCIRユニット」という非接触温度センサがあります。

図5.29　NCIRユニット

156

M5StackのNCIRユニットは、MLX90614という赤外線センサを内蔵しています。MLX90614の仕様は次のようになっています。

- 測定対象物温度：−70℃〜 382.2℃
- 周辺温度：−40℃〜 125℃
- 精度：±0.5℃
- 視野角：90°
- マイコンとの通信：I²C
- I²Cアドレス：0x5A

(2) I²Cを扱うWireライブラリ

MLX90614は、I²Cでアクセスします。Adafruit社がMLX90614にアクセスするライブラリを提供していますが、MLX90614へのアクセスは簡単なので、ここではI²Cを扱う**Wire**ライブラリを直接使って独自にライブラリを作成してみましょう。

Wireライブラリには次の関数があります。

- **begin**：I²C通信を初期化する
- **beginTransmission**：I²C送信の準備をする
- **write**：送信するデータをキューイングする[2]
- **endTransmission**：準備したデータを送信する
- **requestFrom**：データを要求する
- **read**：要求したデータを読む

それぞれの関数の詳細と使い方を示します。

```
bool Wire.begin(int sda, int scl, uint32_t frequency);
```
　説明　　I²C通信を初期化する
　パラメータ
- int sda：SDAピン番号（省略時は21番ピン）
- int scl：SCLピン番号（省略時は22番ピン）
- uint32_t frequency：I²C周波数（省略時は100KHz）

　戻り値　初期化に成功（true）か失敗（false）
　例　　　`Wire.begin();`

---

[2] データを送信するために、待ち行列に追加する。

I²C通信をするときは、最初に**Wire.begin**関数で初期設定をします。SDAとSCLピンとして標準の21番ピンと22番ピンを使っている場合は引数を省略できますが、標準以外のピンを使う場合は指定しなければなりません。

```
void Wire.beginTransmission(uint16_t address);
```
- **説明** アドレスで示されるデバイスへのI²C送信の準備をする
- **パラメータ**
  - uint16_t address：I²Cアドレス
- **戻り値** なし
- **例** `Wire.beginTransmission(0x5A);`

I²C通信でコマンドなどを送る場合は、スレーブデバイスのI²Cアドレスを指定して**Wire.beginTransmission**関数で準備します。

```
size_t Wire.write(uint8_t value);
size_t Wire.write(const char * s);
size_t Wire.write(const uint8_t * data, size_t length);
```
- **説明** I²Cで送信するデータをキューイングする
- **パラメータ**
  - uint8_t value：送信する1バイトデータ
  - const char * s：送信する連続バイト
  - const uint8_t * data, size_t length：複数バイトの配列と送信するバイト数
- **戻り値** キューイングしたバイト数
- **例** `Wire.write(0x07);`

次に、送信するデータを**Wire.write**関数でキューイングします。

```
uit8_t Wire.endTransmission([bool stop]);
```
- **説明** Wire.writeで準備したデータを送信する
- **パラメータ**
  - bool stop：trueを指定すると、送信後、STOPメッセージを送ってI²Cバスを開放する。falseの場合は開放しない。デフォルトはtrue
- **戻り値** 0…成功、1…データが送信バッファより長い、2…アドレス送信時にNACKを受信、3…データ送信時にNACKを受信、4…その他のエラー
- **例** `uint8_t result = Wire.endTransmission();`

Wire.endTransmission関数を実行すると、キューイングしたデータが実際に送信されます。

uint8_t Wire.requestFrom(uint16_t address, uint8_t bytes[, bool stop]);

説明　I²Cアドレスで指定するデバイスにbytesバイトのデータを要求する

パラメータ
- uint16_t address：I²Cアドレス
- uint8_t bytes：要求するデータバイト数
- bool stop：trueを指定すると、送信後、STOPメッセージを送ってI²Cバスを開放する。falseの場合は開放しない。デフォルトはtrue

戻り値　読んだデータのバイト数

例　Wire.requestFrom(0X5A, 2);

スレーブデバイスからデータを読み込むときは、最初に**Wire.requestFrom**関数でスレーブデバイスのI²Cアドレスと、読み込むバイト数を指定します。

int Wire.read();

説明　Wire.requestFrom関数で要求したデータを読む

パラメータ　なし

戻り値　読んだデータ

例　result = Wire.read();

実際にデータを読み込むのは**Wire.read**関数です。

(3) 非接触温度センサにアクセスする

では実際に**Wire**ライブラリを利用してみましょう。**Wire**ライブラリでI²Cデバイスにアクセスする流れは**図5.30**のようになります。

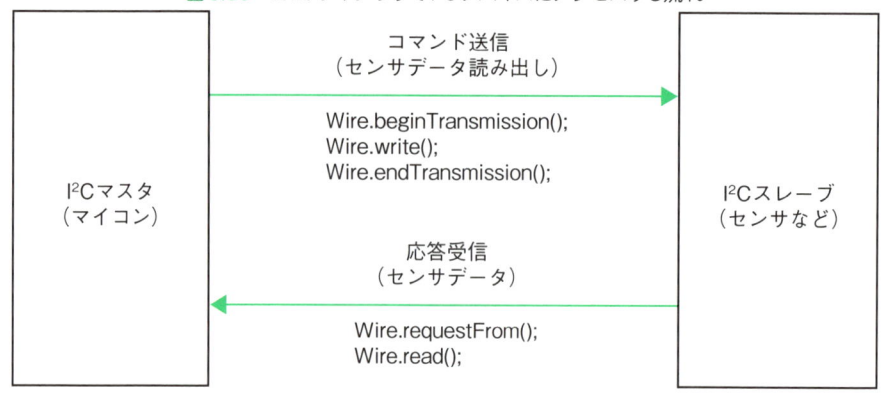

図5.30　WireライブラリでI²Cデバイスにアクセスする流れ

MLX90614で離れたものの温度を測るスケッチをライブラリにしたものが**スケッチ5.15**、それを使って、離れたものの温度をLCDに表示するスケッチは**スケッチ5.16**のようになります。

スケッチ5.15　mlx90614.cpp

```cpp
#include <Wire.h>

#define NCIR_ADDR 0x5A

float ncirtemperature() {
    uint16_t result;

    Wire.beginTransmission(NCIR_ADDR);      // MLX90614のI2Cアドレスを送信
    Wire.write(0x07);                       // MLX90614内のアドレスを送信
    Wire.endTransmission(false);            // 通信を実行
    Wire.requestFrom(NCIR_ADDR, 2);         // MLX90614から2バイト送信要求
    result = Wire.read();                   // データの下位バイトを受信
    result |= Wire.read() << 8;             // データの上位バイトを受信

    return result * 0.02 - 273.15;          // 温度を計算
}
```

スケッチ5.16　ncir.ino

```cpp
#include <M5Stack.h>
#include <Wire.h>

float ncirtemperature();

void setup() {
```

```
    M5.begin();
    Wire.begin();

    M5.Lcd.setTextSize(3);
    M5.Lcd.fillScreen(BLACK);
}

void loop() {
    float temperature = ncirtemperature();

    M5.Lcd.fillRect(120,100,120,100,BLACK);
    M5.Lcd.setCursor(120, 100);
    M5.Lcd.print(temperature);

    delay(500);
}
```

　NCIRユニットをGroveポートに接続し、**スケッチ5.16**をビルドして動かし、NCIRユニットを手や顔などに向けると、表面の温度がLCDに表示されます。ただし、MLX90614は、90°の視野角にある全てのものの温度の平均値を出力するので、例えば手のひらの表面温度を測りたい場合、MLX90614の視野角全体を手のひらで覆うように近づける必要があります。**図5.31**は保冷剤の温度を測った例で、測定結果は4.23℃となっています。

図5.31　非接触温度センサで温度を測る

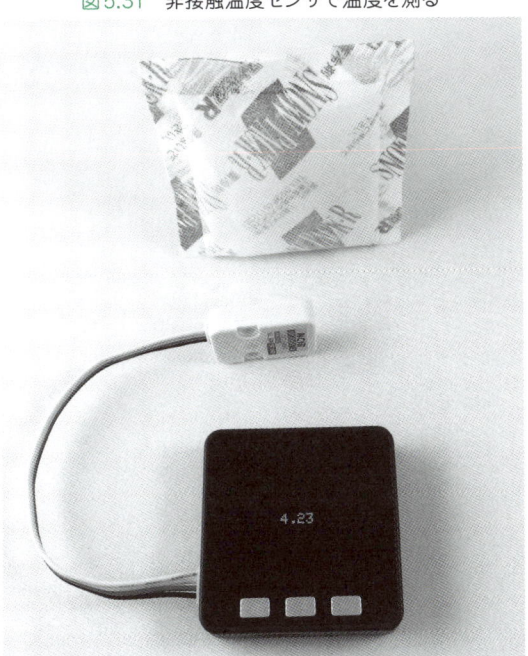

161

 ## 5.5　2次元の温度分布を調べる

サーモグラフィカメラをご存知の方も多いでしょう。温度の分布を2次元の画像にするカメラで、医療、建築など広い分野で使われています。

M5Stackのセンサユニットの1つに「ミニサーマルカメラユニット」というセンサがあり、32×24ピクセルの画像で温度分布を調べることができます。

図5.32　M5Stack Fireとミニサーマルカメラユニット

サンプルスケッチを動かすと、**図5.33**のように、2次元の温度分布を色で表示できます。

図5.33　ミニサーマルカメラの画像

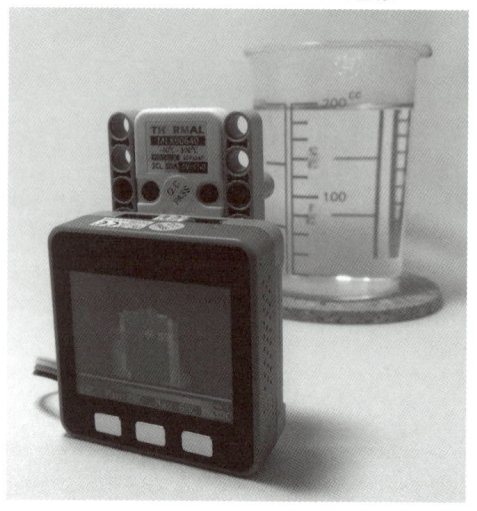

サーモグラフィカメラは面白いセンサですが、高価なので、ちょっと手が出しづらいものです。M5Stackの「ミニサーマルカメラユニット」は原稿執筆時点（2019年7月）で10,152円です。一方、前節で使った「非接触温度センサユニット」は1,641円です（どちらもスイッチサイエンスでの価格）。

そこで、非接触温度センサとサーボモーターを組み合わせて、2次元の温度分布を調べられるデバイスを作ってみます。

(1) パン・チルト機構

2台のサーボモーターを使って、カメラを水平、垂直に動かす**パン・チルト機構**というものがあります。このパン・チルト機構に非接触温度センサを取り付けて、上下左右に角度を変えながら温度を測ることで、2次元の温度分布を調べます。

図5.34 パン・チルト機構

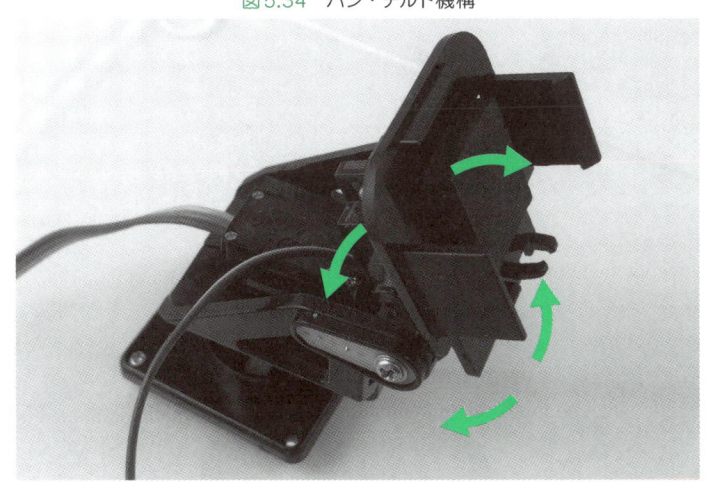

今回使うのは「Pan/Tilt 機構作成キット」というキットです。2個のSG90で、水平（パン）方向と上下（チルト）方向にカメラマウントを動かします。**図5.34**の写真に写っている黒いスポンジのようなものは、厚手の隙間テープを貼り付けたものです。また、台座はアクリル板で作りました。これらはキットには含まれていないので、適当なものを探してください。

キットに入っている「組み立てガイド」にしたがってキットを組み立てましょう。2個のSG90は、水平方向をM5StackのGPIO2で、上下方向をGPIO5で制御することにします。

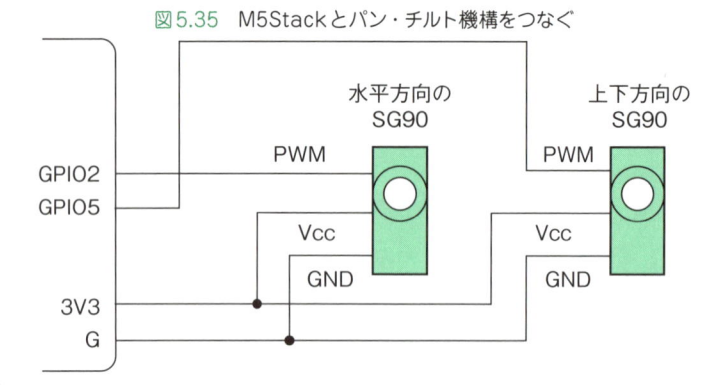
図5.35　M5Stackとパン・チルト機構をつなぐ

簡単なスケッチでパン・チルト機構の動作を確認します。

スケッチ5.17　pantilt_test.ino

```
#include <M5Stack.h>
#include "SG90.h"

SG90 pan;               // 水平方向を制御するSG90のオブジェクト
SG90 tilt;              // 上下方向を制御するSG90のオブジェクト

void setup() {
    pan.begin(2, 15);   // GPIO2、チャネル15で初期化
    delay(500);
    tilt.begin(5, 14);  // GPIO5、チャネル14で初期化
    delay(500);

    for (int a = -90; a <= 90; a += 10) {
        pan.write(a);   // 10°ずつ右を向く
        delay(50);
    }
    pan.write(0);       // 水平方向、正面を向く
    delay(500);

    for (int a = -90; a <= 90; a += 10) {
        tilt.write(a);  // 10°ずつ上を向く
        delay(50);
    }
    tilt.write(0);      // 上下方向、正面を向く
}

void loop() {
}
```

　SG90のライブラリを使い、左右方向を制御するSG90のオブジェクトpanと、上下方向を制御するオブジェクトtiltを作ります。panはGPIO2とチャネル15を、tiltはGPIO5とチャネル14を使うように初期設定します。

　スケッチ5.17をビルドして動かすと、パン・チルト機構が最初に左右方向に－90°から＋90°まで左から右に、次に上下方向に下から上に首を振る様子を確認できます。

（2）測定面をセルに区切ってスキャンする

　左右方向、上下方向とも、－45°から＋45°までの範囲の温度を調べることにします。**図5.36**のように、温度を測る面を同じ大きさのセルに区切り、パン・チルト機構で一つ一つのセルに非接触温度センサを向けて、温度を測っていきます。

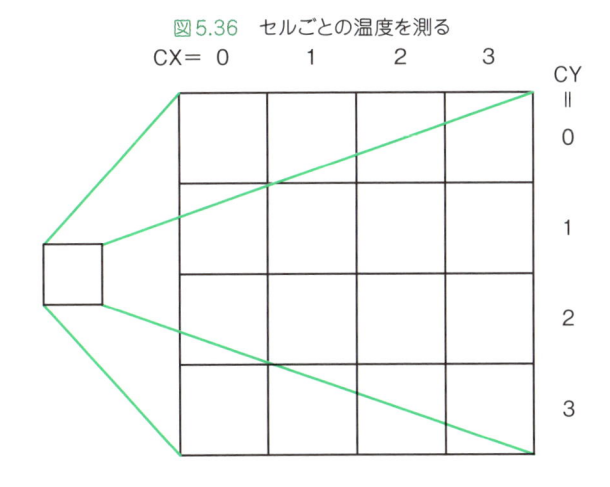

図5.36　セルごとの温度を測る

　仮に温度を測る面を左右、上下とも4分割したとすると、左右（x）方向のセル0、1、2、3に対して、x方向の座標lxは、－0.75、－0.25、＋0.25、＋0.75になり、それぞれのセルの角度は次の式になります。

```
float lx = (float)map(x, 0, 4, -100, 100) / 100.0 + 0.25;
角度 = atan2(lx, 1);
```

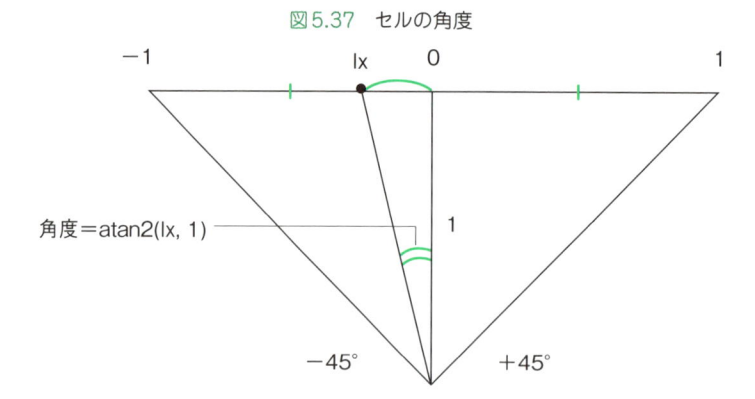
図5.37　セルの角度

　上下左右に分割したセルに対し、順番にパン・チルト機構の首を振るスケッチは次のようになります。

スケッチ5.18　cellscan.ino

```
#include <M5Stack.h>
#include "SG90.h"

#define CX 16          // x方向のセルの分割数
#define CY 16          // y方向のセルの分割数

SG90 pan;              // 水平方向を制御するSG90のオブジェクト
SG90 tilt;             // 上下方向を制御するSG90のオブジェクト

void setup() {
    M5.begin();

    pan.begin(2, 15);   // GPIO2、チャネル15で初期化
    delay(500);
    tilt.begin(5, 14);  // GPIO5、チャネル14で初期化
    delay(500);

    for (int cy = 0; cy < CY; cy++) {
        float ly = (float)map(cy, 0, CY, 100, -100) / 100.0 - 1.0 / (float)CY;
        tilt.write(int(degrees(atan2(ly, 1))));
        for (int cx = 0; cx < CX; cx++) {
            float lx = (float)map(cx, 0, CX, -100, 100) / 100.0 + 1.0 / (float)CX;
            pan.write(int(degrees(atan2(lx, 1))));
            delay(300);
        }
    }
```

166

```
        pan.write(0);
        tilt.write(0);
    }

    void loop() {
    }
```

　それぞれのセルの温度を測定したいので、SG90クラスには修正を加えています。まず、SG90.hに private変数でint _angleを追加します。SG90.cppではbegin関数に_angle = 0を加え、write 関数については、角度を変更した後に、前の角度から今の角度に動き終わるまで待つようにdelay文 を追加しました。こうすることで、パン・チルト機構が指定した角度に動き終わってから、温度を測 定するようにできます。

スケッチ5.19　SG90.cpp

```
#include "SG90.h"
#include <M5Stack.h>

#define DELAYPERDEG 2.0

void SG90::begin(int pin, int ch) {
    _ch = ch;
    _angle = 0;
    ledcSetup(_ch, 50, 10);
    ledcAttachPin(pin, _ch);
    SG90::write(0);
}

void SG90::write(int angle) {
    ledcWrite(_ch, map(constrain(angle, -90, 90), -90, 90, _max, _min));
    delay((int)(DELAYPERDEG * abs(_angle - angle)));
        // 前の角度から今の角度に動き終わるまで待つ
    _angle = constrain(angle, -90, 90);
}
```

　スケッチ5.18をビルドして動かすと、パン・チルト機構が左から右へ、上から下へ向かって首を振 る様子を確認できます。パン・チルト機構の角度を変えるごとに非接触温度センサで温度を測り、そ れぞれのセルの温度をM5StackのLCDに表示すれば、2次元の温度分布を調べられるはずです。

（3）数値を色で表す

非接触温度センサから得られるデータは、23.5℃といった温度の数値データです。サーモグラフィを作るためには、数値を色で表す必要があります。

数値が小さい値から大きい値に変化するに従って、青から緑、赤と変化する色は、最初は青の成分が多く、次は緑、最後は赤の成分が多くなるように色を混ぜることで作れます（**図5.38**）。

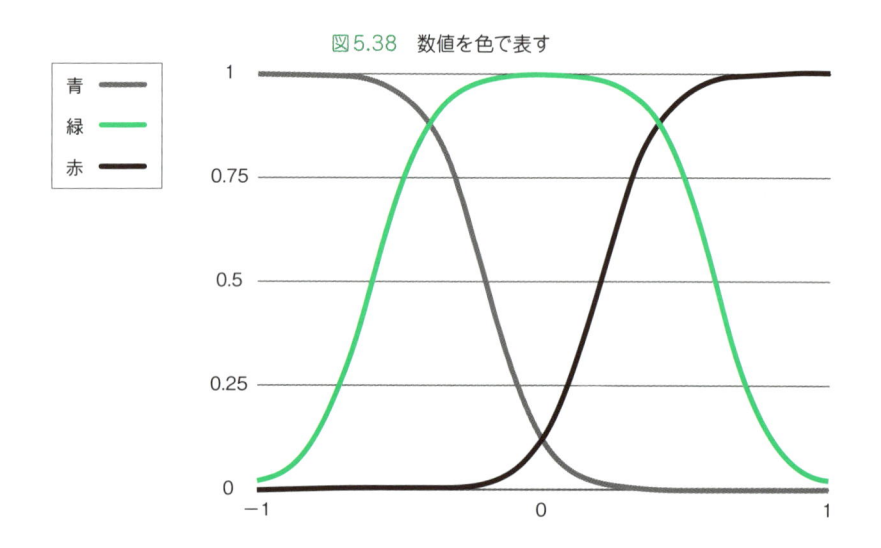

図5.38　数値を色で表す

青、緑、赤の成分量の制御は、直線で近似する方法、三角関数を使う方法などがありますが、ここではQiitaの記事「サーモグラフィ風の色変化をシグモイド関数で再現する」（**https://qiita.com/masato_ka/items/c178a53c51364703d70b**）を参考に、シグモイド関数を使って実現しました。シグモイド関数は、**図5.38**の赤の線のように、ある値を境に急激に値が変化する関数です。

0から1までの値を青〜緑〜赤と変化する色に変換するスケッチは、次のようになります。

スケッチ5.20　heat.cpp

```
#include <Arduino.h>

float gain = 10.0;
float offset_x = 0.2;
float offset_green = 0.6;

float sigmoid(float x, float g, float o) {
    return (tanh(((x + o) * g / 2) + 1) / 2;
}
```

```
uint32_t heat(float x) {  // 0.0 ～ 1.0の値を青から赤の色に変換する
    x = x * 2 - 1;  // -1 <= x < 1 に変換

    float r = sigmoid(x, gain, -1 * offset_x);
    float b = 1.0 - sigmoid(x, gain, offset_x);
    float g = sigmoid(x, gain, offset_green)
            + (1.0 - sigmoid(x, gain, -1 * offset_green)) - 1;

    return (((int)(r * 255)>>3)<<11) | (((int)(g * 255)>>2)<<5)
            | ((int)(b * 255)>>3);
}
```

heat関数に0から1までの数値を渡すと、それに応じて赤、青、緑の色の比率を計算します。

図5.39　16ビットカラー

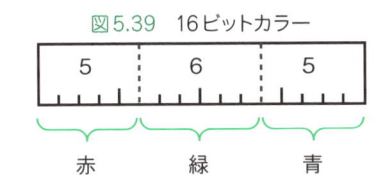

M5StackのLCDは16ビットカラーで色を表示します（**図5.39**）。16ビットカラーは赤を5ビット、緑を6ビット、青を5ビットで表します。**スケッチ5.20**では、赤（r）、緑（g）、青（b）の比率を0から1の数値で計算し、それぞれを255倍して8ビットデータにします。赤のデータは3ビット右シフト（>>）して5ビットにした上で11ビット左シフト（<<）して位置を揃えます。同様に緑のデータは2ビット右シフトして6ビットにした上で位置を揃え、青は3ビット右シフトして5ビットにします。そして最後に赤、緑、青をor（|）で組み合わせて、16ビットカラーデータにしています。

スケッチ5.20も heat.cpp というファイルにして、ライブラリにします。

（4）セルの温度を測って、色で表示する

パン・チルト機構に非接触温度センサを載せます。厚みのある両面テープなどで貼り付けると安定して取り付けられます。

図5.40　パン・チルト機構に非接触温度センサを載せる

パン・チルト機構を使い非接触温度センサで各セルをスキャンして温度を測り、**drawTemp**という関数でM5StackのLCDに表示します。**drawTemp**関数は、次のようになります。

スケッチ5.21　ncir_cellscan.ino（抜粋）

```
#define WIDTH (320 / CX)        // LCDに表示するセルの横幅
#define HEIGHT (240 / CY)       // LCDに表示するセルの縦幅

void drawTemp(int cx, int cy, float t) {
    uint32_t color = heat(map(constrain((int)t, 10, 60), 10, 60, 0, 100) / 100.0);
    M5.Lcd.fillRect(cx * WIDTH, cy * HEIGHT, WIDTH, HEIGHT, color);
}
```

10℃から60℃の温度を**heat**関数で色に変換し、セルに対応したLCDの四角形の領域に**fillRect**関数で色を塗っています。

スケッチの全体は次のようになります。

スケッチ5.22　ncir_cellscan.ino

```
#include <M5Stack.h>
#include "SG90.h"
#include <Wire.h>


float ncirtemperature();
```

```
uint32_t heat(float);        // heat関数の宣言

#define CX 16                // x方向のセルの分割数
#define CY 16                // y方向のセルの分割数

SG90 pan;                    // 水平方向を制御するSG90のインスタンス
SG90 tilt;                   // 上下方向を制御するSG90のインスタンス

#define WIDTH (320 / CX)     // LCDに表示するセルの横幅
#define HEIGHT (240 / CY)    // LCDに表示するセルの縦幅

void drawTemp(int cx, int cy, float t) {   // セル（cx, cy）に温度に対応した色を塗る
    uint16_t color = heat(map(constrain((int)t, 20, 60), 20, 60, 0, 100) / 100.0);
    M5.Lcd.fillRect(cx * WIDTH, cy * HEIGHT, WIDTH, HEIGHT, color);
    M5.Lcd.setCursor(cx * WIDTH + 5, cy * HEIGHT + HEIGHT / 2);
        // セル中央にカーソルを設定
    M5.Lcd.setTextColor(BLACK, color);
    M5.Lcd.printf("%d", (int)t);   // 温度を数値で表示
}

void setup() {
    M5.begin();
    Wire.begin();

    pan.begin(2, 15);    // GPIO2、チャネル15で初期化
    tilt.begin(5, 14);   // GPIO5、チャネル14で初期化

    for (int cy = 0; cy < CY; cy++) {
        float ly = (float)map(cy, 0, CY, 100, -100) / 100.0 - 1.0 / (float)CY;
        tilt.write(int(degrees(atan2(ly, 1))));
        for (int cx = 0; cx < CX; cx++) {
            float lx = (float)map(cx, 0, CX, -100, 100) / 100.0 + 1.0 / (float)CX;
            pan.write(int(degrees(atan2(lx, 1))));

            delay(300);      // MLX90614のデータが安定するまでの時間
            drawTemp(cx, cy, ncirtemperature());
        }
    }
    pan.write(0);
    tilt.write(0);
}

void loop() {
}
```

スケッチ5.22をビルドして動かすと、左上から右下に非接触温度センサを振り向けながら、2次元の温度分布を調べて、M5StackのLCDに色で表示する様子を確認できます。

図5.41　非接触温度センサで2次元の温度分布を調べた

　動作している様子の動画を、YouTubeに公開しました（`https://youtu.be/tQniU60jlws`）。

　サーボモーターが動くときには比較的大きな電流が流れます。そのためにM5Stackの動作が不安定になる場合があります。そのときは`SG90.cpp`ファイルの`DELAYPERDEG`という定数を長めにするといった調整をおこなってください。

　スケッチの書き込みが終わったら、パソコンのUSBポートから外し、比較的容量の大きなUSB ACアダプタから給電すると動作が安定する場合もあります。

5.6 まとめ

　第5章では、電子工作のアドバンスド編として、加速度センサ、磁気センサ、サーボモーター、非接触温度センサを扱いました。また、非接触温度センサとサーボモーターを組み合わせて、2次元の温度分布を調べました。ステップ・バイ・ステップで動作確認をしながら開発を進めることで、複雑そうに見えるものも開発できることが理解できたのではないかと思います。

　第6章では、M5Stackのネットワーク機能を試します。M5StackをWi-Fiネットワークにつなぎ、インターネットから正確な時刻を取得したり、第4章で開発した温湿度センサをインターネットにつないで、温度、湿度データをクラウドサービスに送るIoTシステムを作ったりします。

ネットワークに
つないでみよう

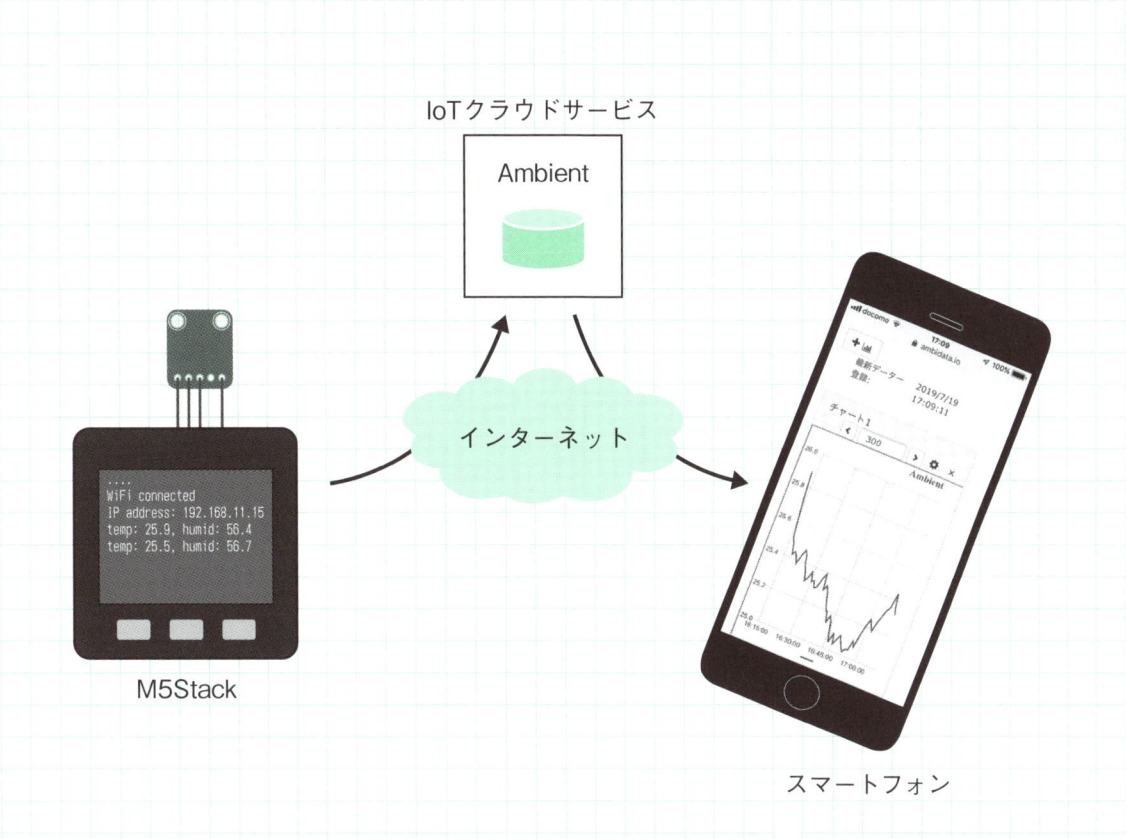

IoTクラウドサービス

Ambient

インターネット

M5Stack

スマートフォン

第5章では、水準器、コンパス、2次元の温度分布を調べるデバイスなどを作りました。

M5Stackに使われているESP32の大きな特徴は、Wi-FiとBluetoothの通信機能が搭載されていることです。この章では、Wi-Fiを使ってM5Stackをインターネットにつなぎ、正確な時刻を取得したり、M5StackをWebサーバにしたり、センサデータをクラウドサービスに送ったりしてみます。また、Bluetoothを使って、センサデータを発信するデバイスを作ります。

6.1 Wi-Fi

Wi-Fiは、パソコンやスマートフォン、プリンタなど、とても多くの電子機器で使われている無線によるネットワークへの接続方式です。家庭やオフィス、工場など、いろいろなところにWi-Fiルータが設置されていて、使いやすいネットワークです。

Wi-Fiは、周波数として2.4GHz帯、5GHz帯を使います。60GHz帯を使う規格も策定されています。Wi-Fiルータやパソコン、スマートフォンなどでは2.4GHz帯、5GHz帯の両方に対応する機器がありますが、M5Stackに使われているESP32は2.4GHz帯だけに対応しています。

Wi-Fiでは、上位プロトコルとしてTCP/IPが動きます。Wi-Fiネットワークにつながった端末であれば、プロトコルを変換するゲートウェイがなくても、直接TCP/IPでクラウドサービスとやり取りでき、ゲートウェイの開発が不要なのもWi-Fiの魅力です。

(1) Wi-Fiに接続する

M5Stackを、近くにあるWi-Fiのアクセスポイント（AP）につないでみましょう。

図6.1　Wi-Fiアクセスポイントにつなぐ

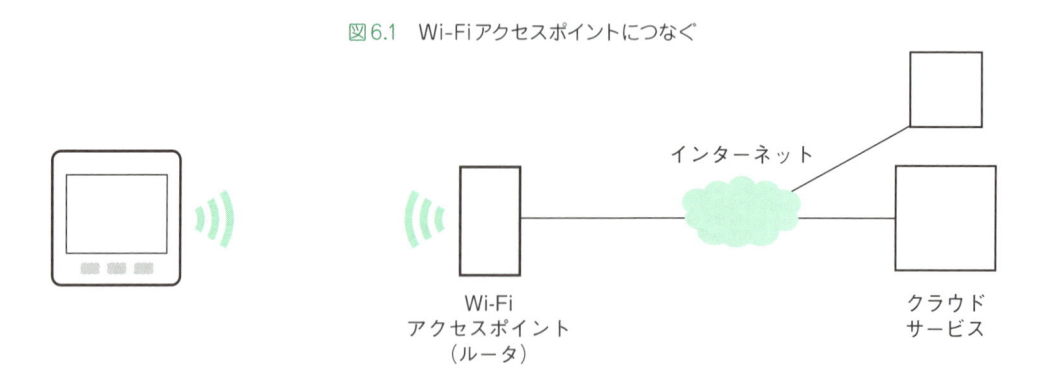

ESP32は2.4GHzにしか対応していないので、接続するアクセスポイントの2.4GHzのSSIDとパスワードを調べ、**スケッチ6.1**の`myssid`と`mypassword`を書き換えます。ご家庭のWi-Fiアクセスポ

イントの2.4GHzのSSID、パスワードについては、お手持ちのWi-Fiルータのマニュアルなどをご確認ください。

スケッチ6.1　WiFiConnect.ino

```
#include <M5Stack.h>
#include <WiFi.h>

const char* ssid = "myssid";  // 接続するアクセスポイント(AP)のSSIDに書き換える
const char* password = "mypassword";  // 接続するAPのパスワードに書き換える

void setup() {
    M5.begin();
    M5.Lcd.setTextSize(2);

    WiFi.begin(ssid, password);  // Wi-Fi APに接続する
    while (WiFi.status() != WL_CONNECTED) {  //  Wi-Fi AP接続待ち
        delay(500);
        M5.Lcd.print('.');
    }

    M5.Lcd.print("\r\nWiFi connected\r\nIP address: ");
    M5.Lcd.println(WiFi.localIP());
}

void loop() {
}
```

スケッチ6.1をビルドして動かすと、数秒でWi-Fiアクセスポイントに接続し、M5Stackに割り当てられたアドレスが表示されます。図6.2では192.168.11.15となっていますが、この数字は環境によって異なります。

図6.2　Wi-Fiアクセスポイントに接続した

うまくいかない場合は、ssidとpasswordを再確認してください。特に、2.4GHzのSSIDとパスワードを設定する必要があることに注意してください。

Wi-Fiアクセスポイントに接続するには、ヘッダファイル**WiFi.h**をインクルードします。ssidとpasswordを指定して**WiFi.begin**関数を呼ぶと、ssidで指定したWi-Fiアクセスポイントへの接続を始めます。**WiFi.status**関数で接続状態を調べ、状態が**WL_CONNECTED**になったら接続完了です。

（2）正確な時間を知る

Wi-Fiアクセスポイントは通常**図6.1**のようにインターネットにつながっています。そこで、Wi-Fiアクセスポイントに接続できたら、インターネットから正確な時刻を取得してみましょう。

■ NTP プロトコル

インターネットから現在時刻を取得するには、NTP（Network Time Protocol）という通信手順（プロトコル）を使います。ESP32のArduinoにはNTPを使って現在時刻を取得するライブラリが用意されているので、プロトコルの詳細を気にせず、簡単に扱うことができます。

現在時刻を取得するには、**configTime**関数で時刻の同期を開始し、**getLocalTime**関数で現在時刻を取得します。

```
void configTime(long gmtOffset_sec, int daylightOffset_sec,
    const char* server1, const char* server2, const char* server3);
```

【説明】　NTP サーバと時刻を同期させる

【パラメータ】

- long gmtOffset_sec：協定世界時[1]との時差（秒）。日本は9時間なので、9 * 3600秒を指定する
- int daylightOffset_sec：夏時間で進める時間（秒）。日本は0
- const char* server1, server2, server3：NTP サーバのURL。最低1つ指定する

【戻り値】　なし

【例】
```
configTime(9 * 3600L, 0, "ntp.nict.jp", "time.google.com",
    "ntp.jst.mfeed.ad.jp");
```

configTime は、協定世界時との時差とNTPサーバを指定して、時刻同期を開始します。NTPサーバには"ntp.nict.jp"、"time.google.com"、"ntp.jst.mfeed.ad.jp"を指定します。

---

[1]　現在の世界の標準時刻。以前はグリニッジグリニッジ標準時（GMT）だったが、現在では原子時計をベースにした協定世界時（UTC）が世界の標準時刻になる。

```
bool getLocalTime(struct tm * info, uint32_t ms);
```

> **説明** 現在時刻を取得する

> **パラメータ**

- struct tm * info：時刻情報を格納する領域
- uint32_t ms：タイムアウト時間（ミリ秒）

> **戻り値** 成功すると true、失敗すると false が返る。時刻同期できていないときに false が返る

> **例** `getLocalTime(&tm)`

struct tm には次のメンバ変数があります。

- `int tm_year`：1900年を0とした年数。tm_year＋1900で今年の年数になる
- `int tm_mon`：1月を0とした月数。tm_mon＋1で今月になる
- `int tm_mday`：日にち
- `int tm_hour`：時間
- `int tm_min`：分
- `int tm_sec`：秒

インターネットから時刻を取得してLCDに表示するスケッチは**スケッチ6.2**になります。

スケッチ6.2　ntp.ino

```
#include <M5Stack.h>
#include <WiFi.h>

#define JST (3600L * 9)  // 日本の時差（9時間）

const char* ssid = "myssid";
const char* password = "mypassword";

void setup() {
    M5.begin();
    M5.Lcd.setTextSize(2);

    WiFi.begin(ssid, password);  // Wi-Fi APに接続する
    while (WiFi.status() != WL_CONNECTED) {  //  Wi-Fi AP接続待ち
        delay(500);
        M5.Lcd.print('.');
    }
    M5.Lcd.print("\r\nWiFi connected\r\nIP address: ");
    M5.Lcd.println(WiFi.localIP());
```

```
        delay(500);

        M5.Lcd.setTextSize(3);
        // NTP サーバと時刻を同期させる
        configTime(JST, 0, "ntp.nict.jp", "time.google.com",
                "ntp.jst.mfeed.ad.jp");
}

void loop() {
        struct tm tm;
        if (getLocalTime(&tm)) {   // 現在時刻を取得する
            M5.Lcd.fillScreen(BLACK);
            M5.Lcd.setCursor(60,80);
            M5.Lcd.printf("%d/%2d/%2d",
                    tm.tm_year + 1900, tm.tm_mon + 1, tm.tm_mday);
            M5.Lcd.setCursor(80,140);
            M5.Lcd.printf("%02d:%02d:%02d", tm.tm_hour, tm.tm_min, tm.tm_sec);
        }
        delay(1000);
}
```

図6.3　インターネットから時刻を取得

(3) Webサーバを動かす

　M5Stack を Web サーバにして、パソコンなどのブラウザでデータを見ることもできます。第4章で使った温湿度センサと組み合わせて、ブラウザで温度、湿度が見られるセンサデバイスを作ってみましょう。

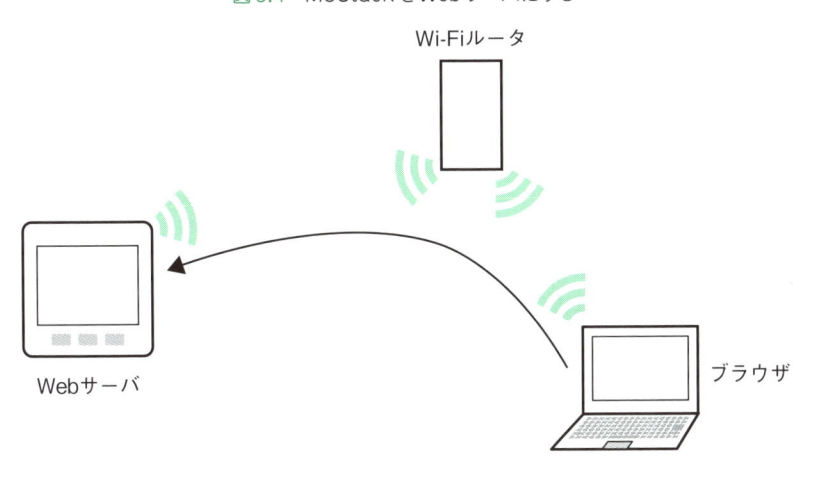

図6.4　M5StackをWebサーバにする

■ Hello サーバ

　まずはM5Stack を、「Hello」を発するだけの単純な Web サーバに仕立てあげます。やり方としては、Arduino IDEのスケッチ例に「HelloServer」というスケッチがあるので、それを使います。「ファイル」メニュー→「スケッチ例」→「WebServer」→「HelloServer」でスケッチを見られます（M5Stackで動かすために、**スケッチ6.3**では一部修正しています）。

スケッチ6.3　HelloServer.ino

```
#include <M5Stack.h>
#include <WiFi.h>
#include <WebServer.h>
#include <ESPmDNS.h>

const char* ssid = "myssid";
const char* password = "mypassword";

WebServer server(80);  // WebServer オブジェクトを作る

void handleRoot() {  // "/"にアクセスされたときの処理関数
    server.send(200, "text/plain", "hello from M5Stack!");
    M5.Lcd.println("accessed on \"/\"");
}

void handleNotFound() {  // 存在しないファイルにアクセスされたときの処理関数
    server.send(404, "text/plain", "File Not Found\n\n");
    M5.Lcd.println("File Not Found");
}
```

```
void setup(void) {
    M5.begin();

    WiFi.begin(ssid, password);  // Wi-Fi APに接続する
    while (WiFi.status() != WL_CONNECTED) {  //  Wi-Fi AP接続待ち
        delay(500);
        M5.Lcd.print(".");
    }
    M5.Lcd.print("\r\nWiFi connected\r\nIP address: ");
    M5.Lcd.println(WiFi.localIP());

    if (MDNS.begin("m5stack")) {
        M5.Lcd.println("MDNS responder started");
    }

    server.on("/", handleRoot);
    server.onNotFound(handleNotFound);

    server.begin();
    M5.Lcd.println("HTTP server started");
}

void loop(void) {
  server.handleClient();
}
```

WebServerオブジェクトを作り、on関数で、指定したURLにアクセスされたときの処理関数を登録します。begin関数でWebサーバを起動し、loop関数の中でhandleClient関数を呼んでブラウザからのリクエストを処理します。

on関数で指定したURLにブラウザからのアクセスがあると、登録した処理関数が呼ばれ、アクセスを処理します。**スケッチ6.3**では「hello from M5Stack!」というメッセージを返しています。

また、この例ではmDNS (multicast DNS) という、名前をIPアドレスに変換してくれるサーバも動かしています。このサーバを動かすと、IPアドレスの代わりに、MDNS.begin("m5stack")で指定した名前である「m5stack」に「.local」をつなげたURL (http://m5stack.local) で、このWebサーバにアクセスできるようになります。

スケッチのmyssidとmypasswordを接続するWi-Fiアクセスポイントに合わせて書き換え、ビルドして実行します。ブラウザで、http://m5stack.local/というURLにアクセスすると、「hello from M5Stack!」という文字列が表示されます。なお、ブラウザが動作する端末はパソコンでもスマートフォンでも構いませんが、M5Stackと同じWi-Fiに接続している必要があるので、注意してください。これでM5StackがWebサーバになりました。

図6.5　Helloサーバにアクセス

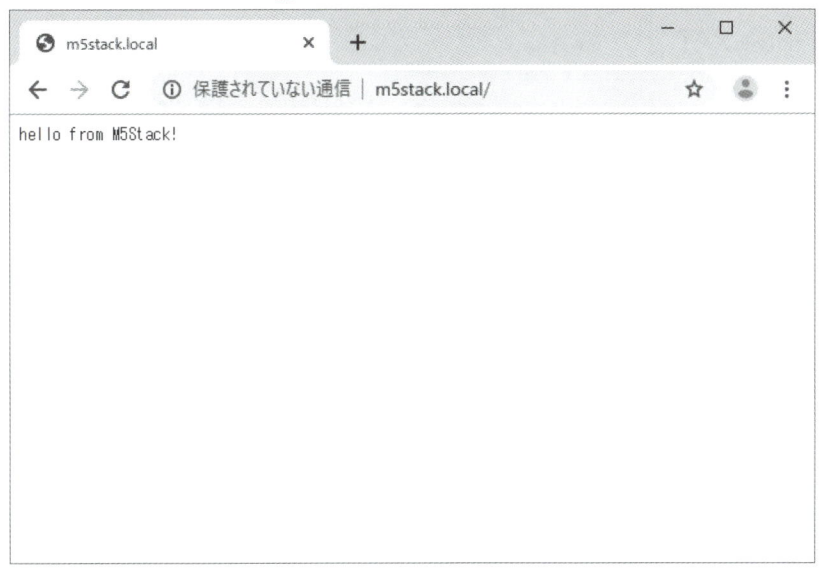

■ 温度、湿度を表示する

単純なWebサーバができたので、温湿度センサと組み合わせて、このWebサーバにアクセスしたら現在の温度、湿度が表示されるようにしてみましょう。

ブラウザでアクセスしたときに、サーバから次のようなHTMLの文字列を送り返すことで、温度、湿度を表示できます。

```html
<html>
    <head>
        <title>M5Stack EvnServer</title>
    <head>
    <body>
        <h1>M5Stack EnvServer</h1>
        <p>Temp: 27.4 'C</p>
        <p>Humid: 73.5 %</p>
    </body>
</html>
```

ブラウザで`http://m5stack.local/env`というURLにアクセスしたら、温度、湿度を表示するようにします。このURLにアクセスされたときの処理関数`handleEnv`を次のようにします。

```
void handleEnv() {  // "/env"にアクセスされたときの処理関数
    char buf[400];  // HTMLを編集する文字配列
    float temp = sensor.readTemperature();    // Si7021から温度を読む
    float humid = sensor.readHumidity();      // Si7021から湿度を読む

    sprintf(buf,  // HTMLに温度と湿度を埋め込む
        "<html>\
        <head>\
            <title>M5Stack EvnServer</title>\
        <head>\
        <body>\
            <h1>M5Stack EnvServer</h1>\
            <p>Temp: %.1f 'C</p>\
            <p>Humid: %.1f %%</p>\
        </body>\
        </html>",
    temp, humid);
    server.send(200, "text/html", buf);
}
```

　sprintf関数の機能は、LCDやシリアルに出力するprintf関数と同様で、文字配列の領域に出力するという点が異なります。

　handleEnv関数では、最初に温湿度センサSi7021から温度と湿度を読み、それらの値をsprintf関数でHTML文字列に埋め込みます。最後にserver.send関数でHTML文字列をブラウザに送り返します。

　そしてsetup関数では、Si7021の初期設定と、次のhandleEnv関数の登録をおこないます。

```
server.on("/env", handleEnv);
```

スケッチ全体は**スケッチ6.5**のようになります。

```
#include <M5Stack.h>
#include <WiFi.h>
#include <WebServer.h>
#include <ESPmDNS.h>
#include "Adafruit_Si7021.h"

const char* ssid = "myssid";
```

```
const char* password = "mypassword";

WebServer server(80);   // WebServerオブジェクトを作る

// Adafruit_Si7021オブジェクトを初期化する
Adafruit_Si7021 sensor = Adafruit_Si7021();

void handleRoot() {  // "/"にアクセスされたときの処理関数
    server.send(200, "text/plain", "hello from M5Stack!");
    M5.Lcd.println("accessed on \"/\"");
}

void handleEnv() { // "/env"にアクセスされたときの処理関数
    char buf[400];   // HTMLを編集する文字配列
    float temp = sensor.readTemperature();   // Si7021から温度を読む
    float humid = sensor.readHumidity();     // Si7021から湿度を読む

    sprintf(buf,  // HTMLに温度と湿度を埋め込む
        "<html>\
        <head>\
           <title>M5Stack EvnServer</title>\
        <head>\
        <body>\
           <h1>M5Stack EnvServer</h1>\
           <p>Temp: %.1f 'C</p>\
           <p>Humid: %.1f %%</p>\
        </body>\
        </html>",
    temp, humid);
    server.send(200, "text/html", buf);
}

void handleNotFound() {  // 存在しないファイルにアクセスされたときの処理関数
    server.send(404, "text/plain", "File Not Found\n\n");
    M5.Lcd.println("File Not Found");
}

void setup(void) {
    M5.begin();

    WiFi.begin(ssid, password);  // Wi-Fi APに接続する
    while (WiFi.status() != WL_CONNECTED) {  //  Wi-Fi AP接続待ち
        delay(500);
        M5.Lcd.print(".");
    }
    M5.Lcd.print("\r\nWiFi connected\r\nIP address: ");
```

```
      M5.Lcd.println(WiFi.localIP());

  if (MDNS.begin("m5stack")) {
    Serial.println("MDNS responder started");
  }

    server.on("/", handleRoot);
    server.on("/env", handleEnv);
    server.onNotFound(handleNotFound);

    server.begin();
    M5.Lcd.println("HTTP server started");

    if (!sensor.begin()) {   // Si7021を初期化する
        Serial.println("Did not find Si7021 sensor!");
        while (true) {
            delay(0);
        }
    }
}

void loop(void) {
  server.handleClient();
}
```

　スケッチ6.5をビルドして実行し、ブラウザで`http://m5stack.local/env`というURLにアクセスすると、図6.6のように温度と湿度が表示されます。

図6.6　ブラウザで温度、湿度を見る

M5Stack を Web サーバにして、センサで測ったデータをブラウザで確認できるようになりました。
　これでどこからでも M5Stack で測ったデータを確認できるかというと、残念ながらそうではありません。M5Stack に割り当てられている IP アドレスは、同じ Wi-Fi ネットワーク（ローカルネットワーク）の中からしかアクセスできず、Wi-Fi ルータの外のグローバルネットワークからはアクセスできません。スマートフォンの場合、M5Stack と同じ Wi-Fi ネットワークに接続しているときは M5Stack の Web サーバにアクセスできますが、その Wi-Fi ネットワークを離れて LTE などの携帯電話ネットワークに接続した場合は、M5Stack にはアクセスできなくなります。

図6.7　ローカルネットワークとグローバルネットワーク

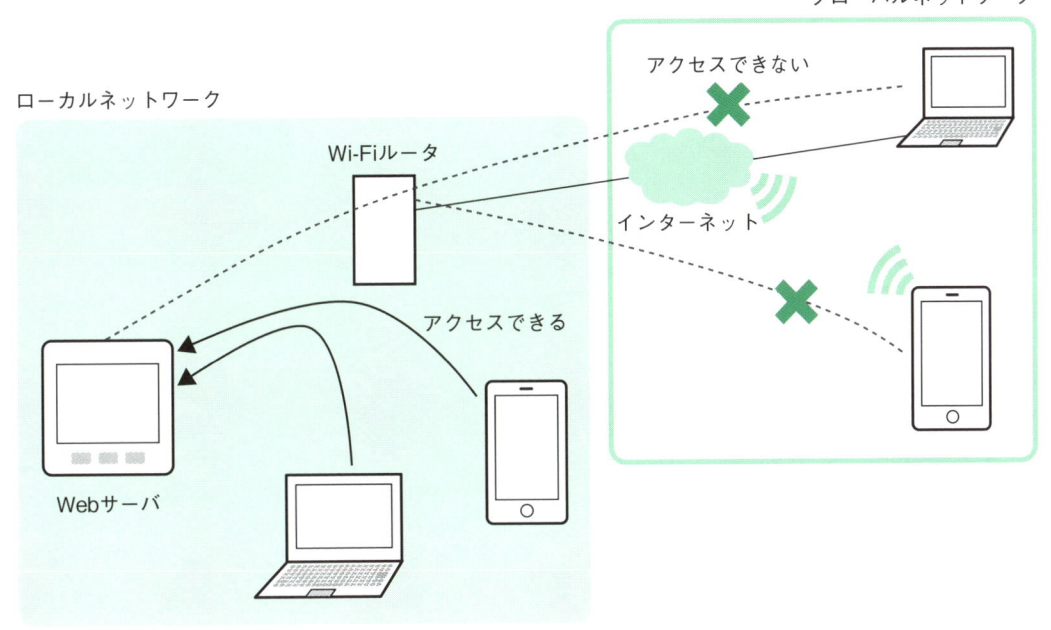

　どこからでもセンサデータを見られるようにするには、センサデータを IoT クラウドサービスに送ります。

(4) IoT クラウドサービスでセンサデータを可視化する

　IoT クラウドサービスは、インターネット上にあって、IoT デバイスから送られるセンサデータを受信して、蓄積したり、可視化したり、分析したり、あるいは IoT デバイスを制御したりするサービスです。機能がとても豊富なサービスから、可視化に特化したシンプルなサービスまでいろいろなサービスがあります。ここでは、著者が運営するシンプルな IoT クラウドサービス「Ambient（`https://ambidata.io`）」を使ってみます。

Ambient

Ambientは、IoTセンサデバイスから送られるセンサデータを受信し、蓄積し、可視化（グラフ化）することに特化した、シンプルなクラウドサービスです。フリーミアムサービスで、無料で8台までのセンサデバイスからデータを送ることができます。

図6.8　Ambient

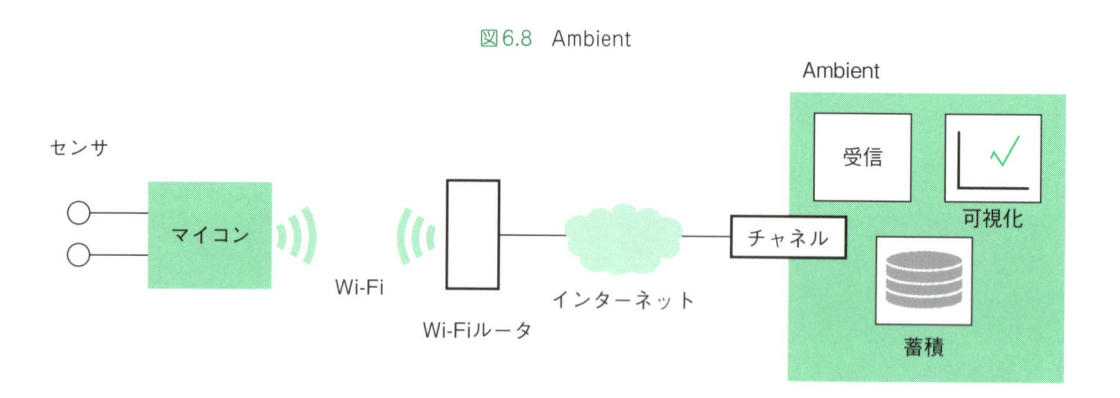

Ambient を使う準備

Ambient を使うためには、次の準備をします。

1　ユーザー登録
2　チャネルを作る
3　ライブラリのインストール

まず Ambient サイト（`https://ambidata.io`）でユーザー登録（無料）をします。メールアドレスと Ambient で使うパスワードを入力すると、登録確認メールが送られてきて、メールに書いてある URL をクリックすると登録が完了します。メールサービスによっては、登録確認メールが迷惑メールフォルダに配信されることがあります。メールが届かない場合は、迷惑メールフォルダを確認してください。

Ambient はデータを「チャネル」という単位で管理します。IoT デバイスから Ambient にデータを送るときには、チャネルを指定する必要があります。そこで、ユーザー登録をしたら、Ambient にログインしてチャネルを作ります。ログインするとユーザーの所有するチャネル一覧が表示されますが、ユーザー登録直後はチャネルを持っていないので、何も表示されません。

チャネル一覧画面で「チャネルを作る」ボタンをクリックするとチャネルが作られます。そして、作成されたチャネルの情報が表示されます（**図6.9**）。

図6.9　チャネルを作る

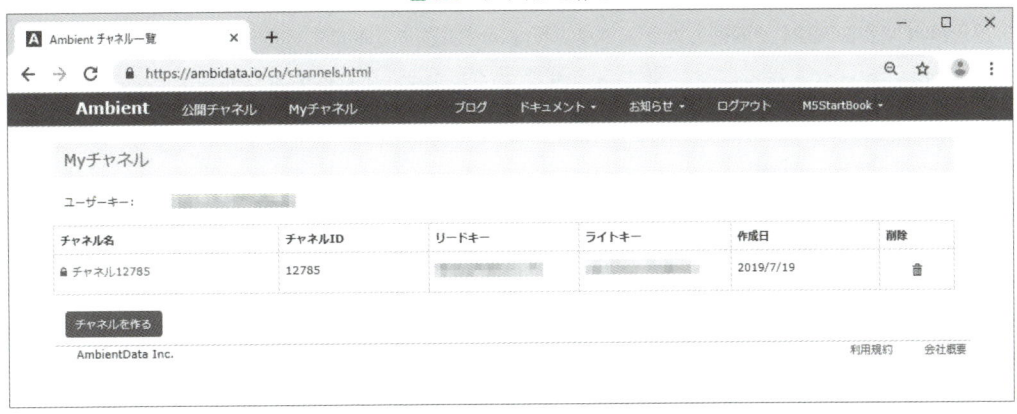

Arduinoには Ambientにデータを送るためのライブラリがあるので、それを Arduino IDEにインストールします。

Arduino IDEの「ツール」メニューの「ライブラリを管理...」をクリックして、ライブラリマネージャを立ち上げます。ライブラリマネージャの検索窓に「ambient」と入力すると、**図6.10**のように「Ambient ESP32 ESP8266 lib by Ambient Data」が検索されるので、それをインストールします。

図6.10　Ambient ライブラリをインストールする

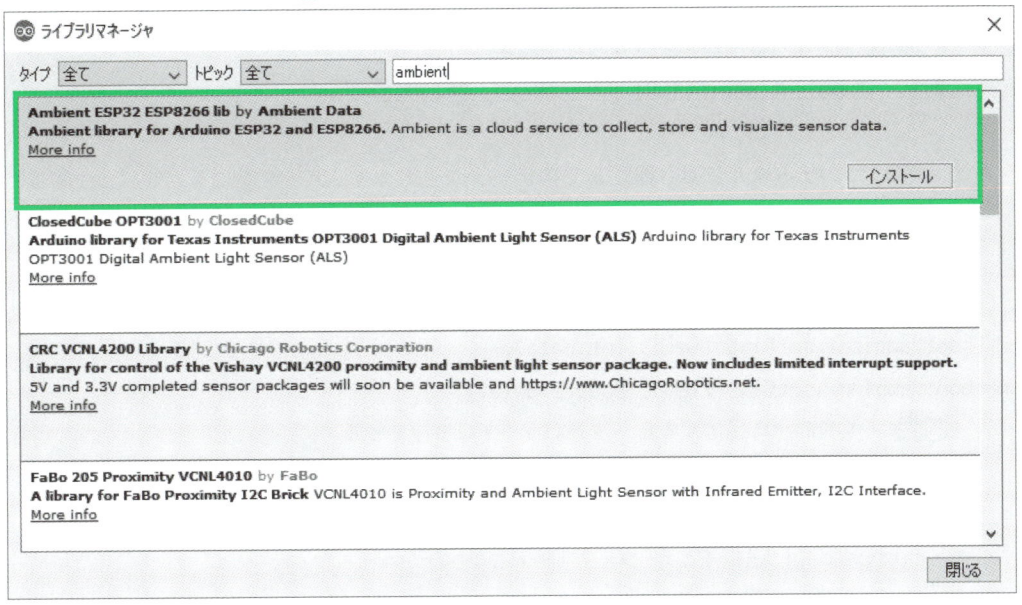

これで Ambient を使う準備は完了です。

■ Ambient にセンサデータを送ってグラフ表示させる

温湿度センサ Si7021 で取得したデータを、Ambient に送ってみます。

Ambient にデータを送るには、まずヘッダファイル Ambient.h をインクルードし、次のように Ambient オブジェクトを定義します。

```
#include <Ambient.h>  // Ambientのヘッダファイルをインクルード

Ambient ambient;  // Ambientオブジェクトを作る
```

Ambient オブジェクトの begin 関数でチャネル ID とライトキーを指定して初期設定をすると、指定した ID のチャネルにデータを送る準備ができます。

```
bool ambient.begin(unsigned int channelId, const char * writeKey,
    WiFiClient * client);
```
- 説明　　チャネル ID とライトキーを指定して Ambient の初期設定をおこなう
- パラメータ
  - unsigned int channelId：データを送るチャネル ID
  - const char * writeKey：チャネル ID のライトキー
  - WiFiClient * client：client オブジェクトのアドレス
- 戻り値　true ならば成功、false ならば不成功
- 例　　`ambient.begin(100, "writeKey", &client);`

Ambient の 1 つのチャネルには 8 種類までのデータが送れます。データを送るときは set 関数でデータをセットし、send 関数で送ります。

```
bool ambient.set(int field, char *data);
bool ambient.set(int field, int data);
bool ambient.set(int field, double data);
```
- 説明　　Ambient に送信するデータをパケットにセットする
- パラメータ
  - int field：何番目のデータかを示す。1 から 8 までの値が指定できる
  - char *data：送信するデータを文字列にしたもの
  - int data：int 形式のデータ
  - double data：double 形式のデータ

戻り値 true ならば成功、false ならば不成功

例 `ambient.set(1, temp);`

`bool ambient.send();`

説明 Ambient にデータを送信する

パラメータ なし

戻り値 true ならば成功、false ならば不成功

例 `ambient.send();`

スケッチ全体は**スケッチ6.6**のようになります。

スケッチ6.6 Ambient_Si7021.ino

```
#include <M5Stack.h>
#include <WiFi.h>
#include "Adafruit_Si7021.h"
#include <Ambient.h>  // Ambientのヘッダファイルをインクルード

const char* ssid = "myssid";
const char* password = "mypassword";

WiFiClient client;
Ambient ambient;  // Ambientオブジェクトを作る

unsigned int channelId = 100; // AmbientのチャネルID
const char* writeKey = "writeKey"; // ライトキー

// Adafruit_Si7021オブジェクトを初期化する
Adafruit_Si7021 sensor = Adafruit_Si7021();

void setup(void) {
    M5.begin();

    WiFi.begin(ssid, password);  // Wi-Fi APに接続する
    while (WiFi.status() != WL_CONNECTED) {  //  Wi-Fi AP接続待ち
        delay(500);
        M5.Lcd.print(".");
    }
    M5.Lcd.print("\r\nWiFi connected\r\nIP address: ");
    M5.Lcd.println(WiFi.localIP());

    // チャネルIDとライトキーを指定してAmbientを初期化
```

6

ネットワークにつないでみよう

```
    ambient.begin(channelId, writeKey, &client);

    if (!sensor.begin()) {   // Si7021を初期化する
        M5.Lcd.println("Did not find Si7021 sensor!");
        while (true) {
            delay(0);
        }
    }
}

void loop(void) {
    float temp = sensor.readTemperature();   // Si7021から温度を読む
    float humid = sensor.readHumidity();   // Si7021から湿度を読む
    M5.Lcd.printf("temp: %.2f, humid: %.2f\r\n", temp, humid);

    ambient.set(1, temp);   // Ambientのデータ1に温度をセットする
    ambient.set(2, humid);   // データ2に湿度をセットする
    ambient.send();   // Ambientに送信する

    delay(60 * 1000);
}
```

　スケッチ6.6のmyssidとmypasswordを接続するWi-Fiアクセスポイントに合わせて書き換えます。さらに、チャネルID channelIdとライトキー writeKeyを、自分で作ったAmbientのチャネルに合わせて書き換えます。スケッチ6.6をビルドして動かすと、60秒ごとに温度と湿度が計測され、そのデータがAmbientに送信されます。

　Ambientにログインして、スケッチで指定したチャネルのページを見ると、送信したデータが図6.11のようにグラフ表示されていることを確認できます。しばらく見ていると、データが送信されるごとにリアルタイムでグラフが更新されることも分かります。

図6.11　Ambientに送ったデータを見る

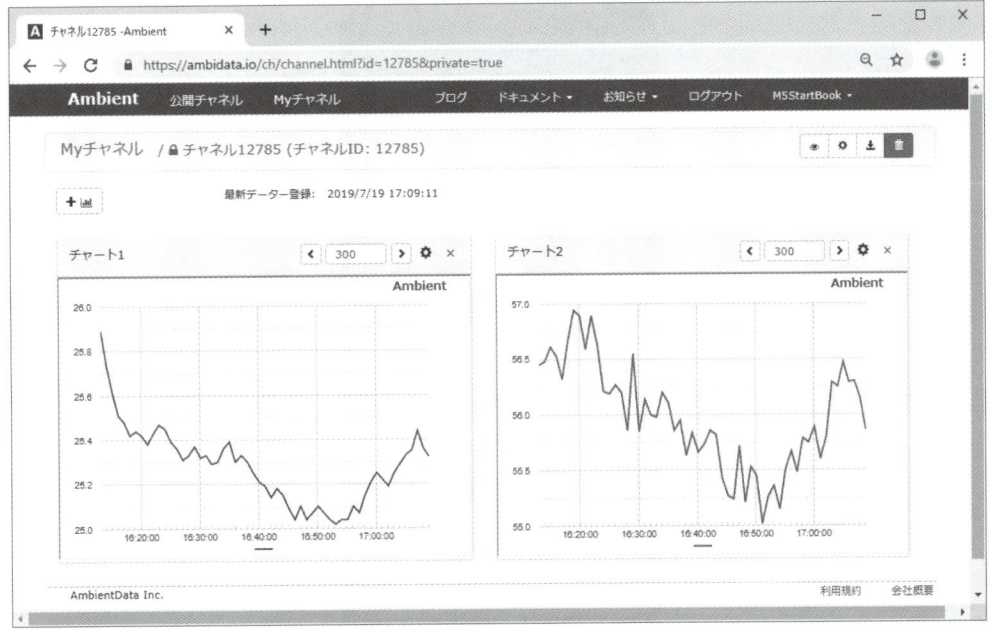

データはクラウドに送信され、蓄積されているので、同じWi-Fiネットワークからだけでなく、インターネットのどこからでも見られます。スマートフォンのブラウザからAmbientにログインして、データを見ることもできます。

図6.12　データはどこからでも見られる

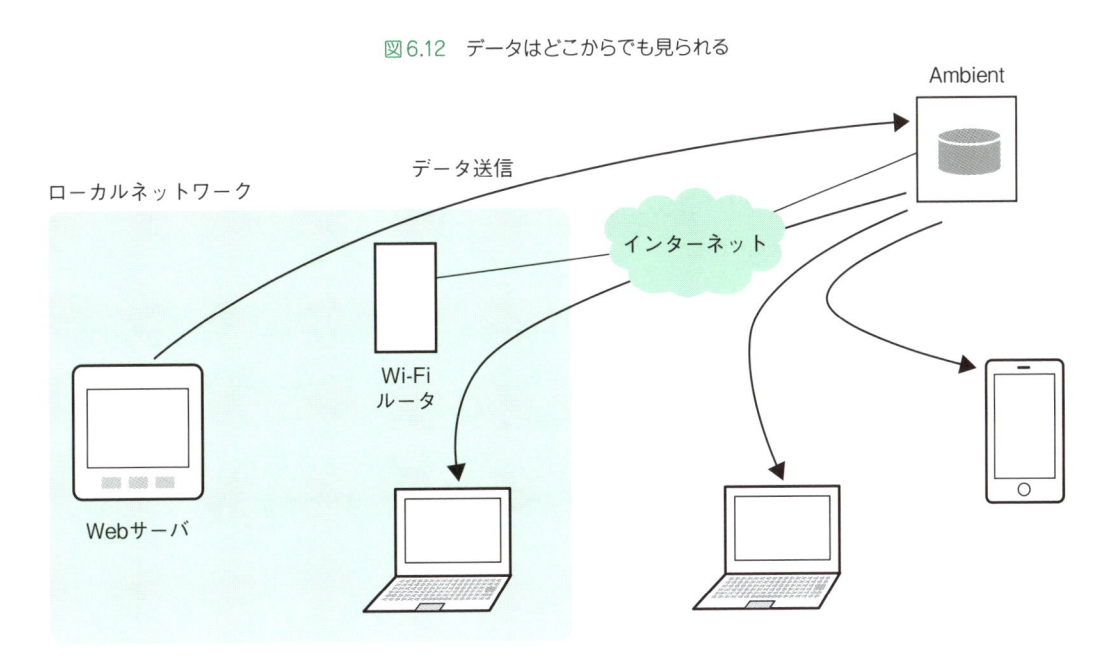

図6.13 スマートフォンでデータを見る

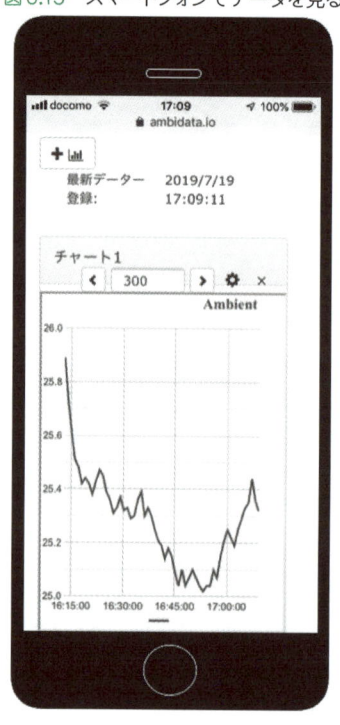

スケッチ6.6では、Ambientに60秒間隔でデータを送信しています。Ambientの仕様は次のように
なっています。

- チャネル数：1ユーザーあたり8チャネルまで
- データ種類：1チャネルあたり8種類まで
- 送信間隔：チャネルごとに最小5秒間隔
- データ件数：1チャネルあたり1日3,000件
- チャート数：1チャネルあたり8個

Ambientのデータ送信間隔はチャネルごとに最小5秒ですが、1日に送れるデータ件数は3,000件
までです。5秒間隔で送ると4時間10分で3,000件に達し、その日はそれ以上送れなくなります。等
間隔でデータを送信し続けるには、約30秒間隔で送るようにします。

とはいえ、実際には測定する対象に合わせた適切な送信間隔を選ぶべきです。例えば外気温や室温
であれば、それほど短時間には変化しないので、5分あるいは10分間隔での測定で十分でしょう。

 6.2 **Bluetooth**

Bluetooth は2.4GHz帯を使う無線ネットワークの規格です。Bluetooth Basic Rate/Enhanced Data Rate（BR/EDR）と、BR/EDRよりも省電力化された **Bluetooth Low Energy**（BLE）から構成されます。

Bluetooth Low Energy は、スマートウォッチや活動量計、体重計、血圧計といったヘルスケア機器とスマートフォンとのデータのやり取りなどによく使われます。消費電力が少ないことから、IoTのネットワークにも適しています。

Bluetoothでは、上位プロトコルとしてTCP/IPを動かす事例もありますが、実験的なものであってポピュラーではありません。デバイスからセンサデータをBluetoothで送り、そのデータをクラウドサービスに届けるには、Bluetoothで送られたデータを受信し、TCP/IPでクラウドサービスに送信するゲートウェイが必要になります。

（1）Bluetooth Low Energy デバイスの動作

Bluetooth Low Energy（BLE）では、センサデバイスを**ペリフェラルデバイス**、ペリフェラルデバイスからデータを取得するデバイスを**セントラルデバイス**といいます。例えばスマートフォンから腕時計型の活動量計にアクセスしている場合、活動量計がペリフェラルデバイス、スマートフォンがセントラルデバイスになります。

図6.14　ペリフェラルデバイスとセントラルデバイス

ペリフェラルデバイス　　　　　　　BLE　　　　　　　セントラルデバイス

BLE通信には、次の2つのモードがあります。

- **コネクトモード**

  ペリフェラルデバイスが自らの存在を発信（アドバタイズ）します。セントラルデバイスはアドバタイジング・パケットをスキャンし、自分が必要とするペリフェラルデバイスを見つけ、ペリフェラルデバイスに

接続（コネクト）してデータの送受信をおこなう通信方法です。

コネクトモードは双方向通信で、ペリフェラルデバイスからデータを取得するだけでなく、セントラルデバイスからパラメータ設定などをおこなうといった双方向の通信ができます。

- **ブロードキャストモード**

ペリフェラルデバイスがセンサデータなどをアドバタイジング・パケットに載せて発信（アドバタイズ）し、セントラルデバイスがそれを受信（スキャン）する通信方法です。

ブロードキャストモードは単方向の通信で、ペリフェラルデバイス（センサデバイス）からセンサデータを発信するだけです。手順が少ないことから消費電力も少なくなるので、IoTネットワークに適しています。

図6.15　BLEの通信方法

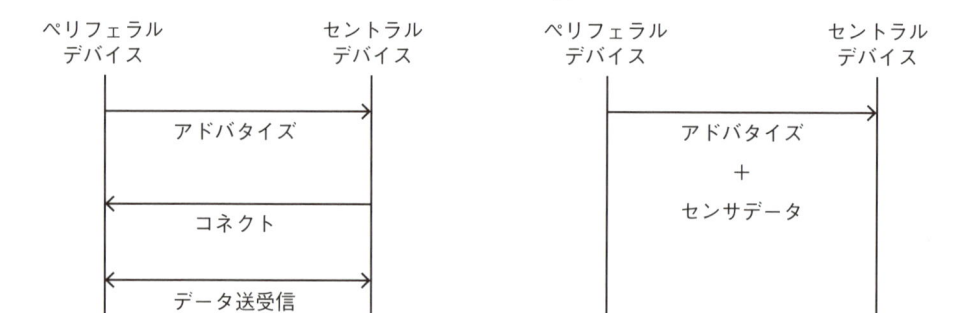

ここでは**図6.16**のように、M5Stackを2台使い、1台をセンサデバイス（ペリフェラルデバイス）、もう1台をBLEゲートウェイ（セントラルデバイス）にしてみます。センサデバイスのほうではブロードキャストモードでセンサデータをアドバタイズし、セントラルデバイスのほうではセンサデータをスキャンして、データをWi-Fi経由でクラウドサービスに送信します。

図6.16　BLEセンサシステム

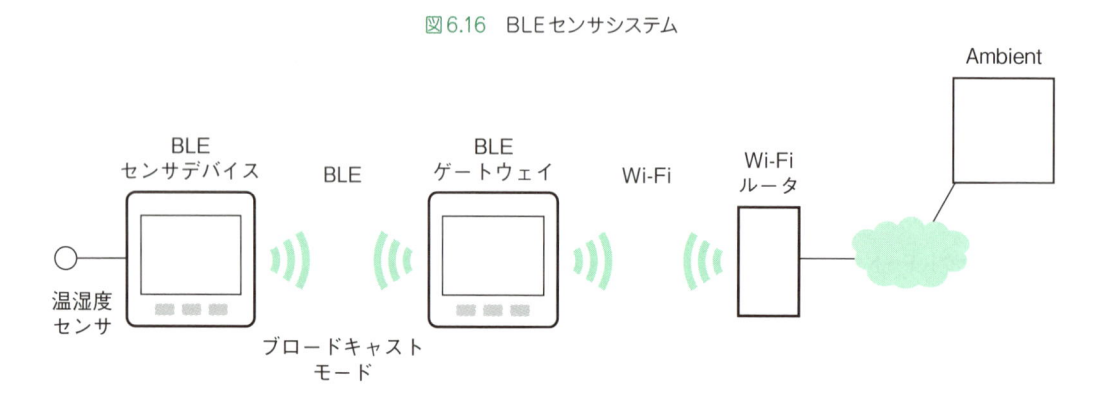

(2) アドバタイジング・データ

ブロードキャストモードでは、センサデータをアドバタイジング・パケットの中の**アドバタイジング・データ**という領域に載せて発信します。アドバタイジング・データは**図6.17**のような構造の最大31バイトのデータです。

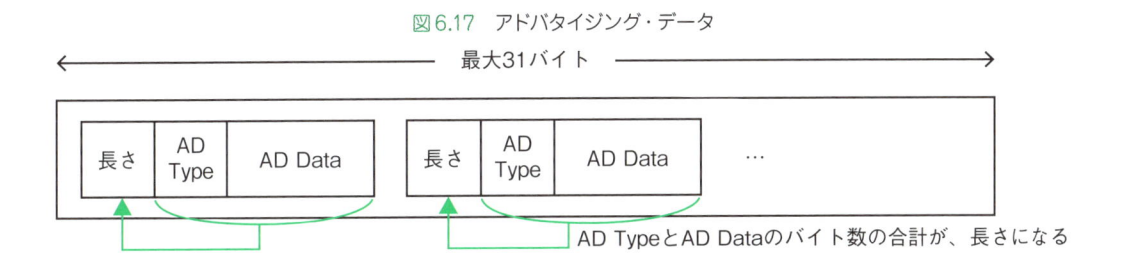

図6.17　アドバタイジング・データ

AD Type は1バイトのデータで、AD Type を「Manufacturer Specific（0xFF）」という値にすると、AD Data として2バイトのカンパニー ID とその企業が独自に定義するデータを入れることができます。テスト用のカンパニー ID として0xFFFF が用意されているので、これを使い、**表6.1**のような独自のアドバタイジング・データを定義します。

表6.1　独自のアドバタイジング・データ

長さ			8
AD Type			0xFF
AD Data	カンパニー ID	L	0xFF
		H	0xFF
	シーケンス番号		0 ～ 255
	温度	L	温度（℃）×100
		H	
	湿度	L	湿度（%）×100
		H	

シーケンス番号は、1バイト（0 ～ 255）の整数です。ペリフェラルデバイスから温度・湿度データを1回送信するごとに1増加した値を送ります。セントラルデバイスでデータを受信したときに、前回受信したデータのシーケンス番号と比較し、同じデータを重複して受信した場合はクラウドサービスに送信しないようにします。

ここでは温度、湿度を小数点以下2桁で表すことにします。送信するときに100倍して整数にし、受信したときに100で割ることで、小数点以下2桁のデータをアドバタイジング・データでは2バイトの整数に収めています。

（3）BLEセンサデバイス（ペリフェラルデバイス）

BLE通信の機能はESP32の標準のArduinoに組み込まれているので、ライブラリのインストールなどは必要ありません。データをアドバタイズするときは、**BLEDevice.h**というヘッダファイルをインクルードします。アドバタイズは**図6.18**のような流れでおこないます。

図6.18　アドバタイズの流れ

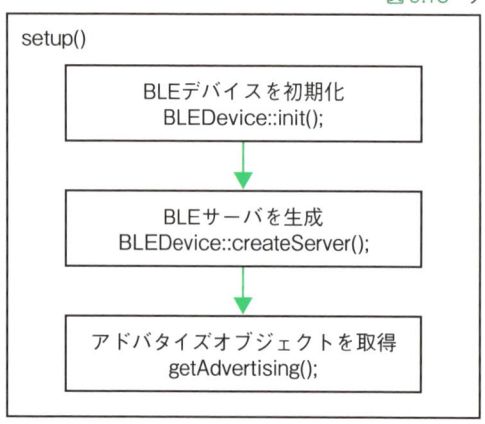
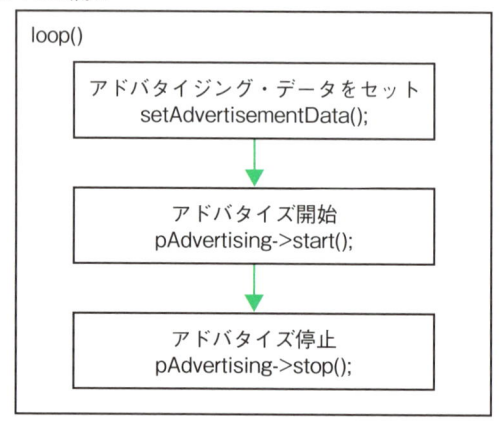

最初に**BLEDevice::init**関数でデバイスの初期設定をします。引数によってデバイスの名前をつけられます。そして**setAdvertisementData**関数でアドバタイジング・データの中身を設定します。アドバタイズオブジェクトの**start**関数を呼ぶとアドバタイズが始まり、**stop**関数を呼ぶとアドバタイズが止まります。

実際のスケッチは**スケッチ6.7**のようになります。

スケッチ6.7　BLE_Si7021.ino

```
#include <M5Stack.h>
#include "BLEDevice.h"
#include "Adafruit_Si7021.h"

// Adafruit_Si7021オブジェクトを初期化する
Adafruit_Si7021 sensor = Adafruit_Si7021();

#define T_PERIOD      10  // Transmission period
#define S_PERIOD      10  // Silent period

BLEAdvertising *pAdvertising;
uint8_t seq = 0;  // シーケンス番号
```

```
void setAdvData(BLEAdvertising *pAdvertising) {
    uint16_t temp = (uint16_t)(sensor.readTemperature() * 100);
        // Si7021から温度を読む
    uint16_t humid = (uint16_t)(sensor.readHumidity() * 100);
        // Si7021から湿度を読む

    BLEAdvertisementData oAdvertisementData = BLEAdvertisementData();
    oAdvertisementData.setFlags(0x06);
        // BR_EDR_NOT_SUPPORTED | LE General Discoverable Mode

    std::string strServiceData = "";
    strServiceData += (char)0x08;    // 長さ
    strServiceData += (char)0xff;    // AD Type 0xFF: Manufacturer specific
    strServiceData += (char)0xff;    // テスト用カンパニーID（下位バイト）
    strServiceData += (char)0xff;    // テスト用カンパニーID（上位バイト）
    strServiceData += (char)seq;                // シーケンス番号
    strServiceData += (char)(temp & 0xff);        // 温度の下位バイト
    strServiceData += (char)((temp >> 8) & 0xff);  // 温度の上位バイト
    strServiceData += (char)(humid & 0xff);       // 湿度の下位バイト
    strServiceData += (char)((humid >> 8) & 0xff); // 湿度の上位バイト

    oAdvertisementData.addData(strServiceData);
    pAdvertising->setAdvertisementData(oAdvertisementData);
}

void setup(void) {
    M5.begin();

    sensor.begin();   // Si7021を初期化する

    BLEDevice::init("M5Stack Env");          // デバイスの初期設定
    BLEServer *pServer = BLEDevice::createServer();   // サーバを生成
    pAdvertising = pServer->getAdvertising(); // アドバタイズオブジェクトを取得
}

void loop(void) {
    setAdvData(pAdvertising);            // アドバタイジング・データをセット

    pAdvertising->start();            // アドバタイズ開始
    delay(T_PERIOD * 1000);           // T_PERIOD秒アドバタイズする
    pAdvertising->stop();             // アドバタイズ停止
    delay(S_PERIOD * 1000);           // S_PERIOD秒休む

    seq++;                            // シーケンス番号を更新
}
```

6

ネットワークにつないでみよう

温湿度センサSi7021で温度・湿度を測り、データをアドバタイジング・データにセットし、10秒間アドバタイズして10秒間休むという動作を繰り返します。

　スケッチ6.7をビルドして動かします。BLEデータの確認にはスマートフォンのアプリ「BLE Scanner」などを使うと便利です。スマートフォンでBLE Scannerを立ち上げると、周辺にあるBLEデバイスのアドバタイジング・データがスキャンされて表示されます。

図6.19　BLE Scannerでスキャンしたアドバタイジング・データ

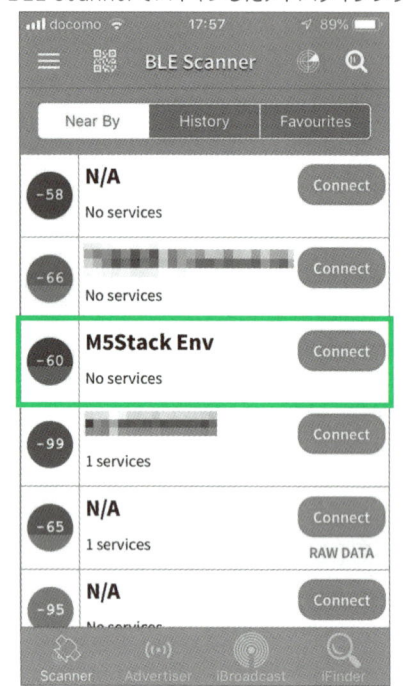

　BLEDevice::init()で指定したデバイス名（ここではM5Stack Env）のデータの右側の「Connect」をタップすると、データの中身を見ることができます。

図6.20　アドバタイジング・データの中身

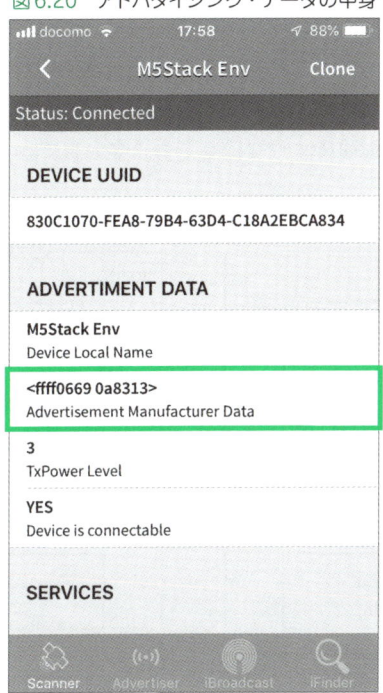

　アドバタイジング・データの「Advertisement Manufacturer Data」に、センサデバイスでセットしたデータが表示されます。**図6.20**では「ffff0669 0a8313」というデータなので、シーケンス番号が06、温度・湿度をそれぞれ100倍したデータが0x0A69（＝2665、つまり26.65℃）と0x1383（＝4995、つまり49.95%）になっていることを確認できます。

図6.21　アドバタイジング・データを解析する

長さ			8	
AD Type			0xFF	
AD Data	カンパニー ID	L	0xFF	… 0xFF
		H	0xFF	… 0xFF
	シーケンス番号		0 〜 255	… 0x06
	温度	L	温度（℃）×100	… 0x69 〉0x0A69→2665
		H		… 0x0A
	湿度	L	湿度（%）×100	… 0x83 〉0x1383→4995
		H		… 0x13

ネットワークにつないでみよう

6

（4）BLEゲートウェイ（セントラルデバイス）

　センサデータをBLEで送信するデバイスができたので、次はこのデータをスキャンして、Wi-Fi経由でクラウドサービスに送信するBLEゲートウェイを作ります。

　アドバタイズのスキャンは**図6.22**のような流れでおこないます。

図6.22　アドバタイズのスキャンの流れ

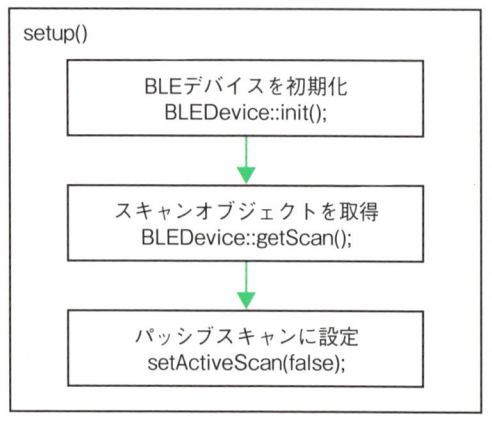
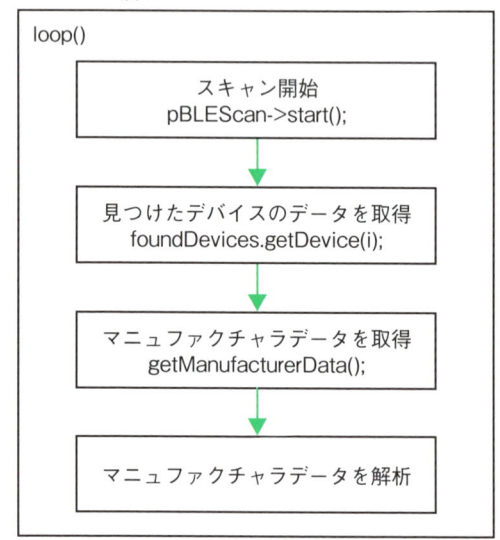

　BLEDevice::init関数でデバイスの初期設定をおこない、**setActiveScan(false)**でパッシブスキャンに設定します。パッシブスキャンに設定すると、スキャンでデバイスを見つけたときに追加情報を要求しません。スキャンオブジェクトの**start**関数を呼ぶとスキャンが実行され、アドバタイジング・データを受信します。見つけたデバイスのデータを**getDevice**関数で取得し、企業独自のアドバタイジング・データ（マニュファクチャラデータ）を**getManufacturerData**関数で取得し、解析します。

　実際のスケッチは**スケッチ6.8**のようになります。

スケッチ6.8　BLE_GW.ino

```
#include <M5Stack.h>
#include "BLEDevice.h"
#include "Ambient.h"

uint8_t seq = 0xFF;  // シーケンス番号
#define MyManufacturerId 0xffff  // test manufacturer ID
```

```
WiFiClient client;
const char* ssid = "myssid";
const char* password = "mypassword";

Ambient ambient;
unsigned int channelId = 100; // AmbientのチャネルID
const char* writeKey = "writeKey"; // ライトキー

BLEScan* pBLEScan;

void setup() {
    M5.begin();

    BLEDevice::init("");        // デバイスの初期設定
    pBLEScan = BLEDevice::getScan();  // スキャンオブジェクトを取得
    pBLEScan->setActiveScan(false);    // パッシブスキャンに設定

    WiFi.begin(ssid, password);  // Wi-Fi APに接続
    while (WiFi.status() != WL_CONNECTED) {  // Wi-Fi AP接続待ち
        M5.Lcd.print(".");
        delay(100);
    }
    M5.Lcd.print("\r\nWiFi connected\r\nIP address: ");
    M5.Lcd.println(WiFi.localIP());

    // チャネルIDとライトキーを指定してAmbientの初期化
    ambient.begin(channelId, writeKey, &client);
}

void loop() {
    bool found = false;
    float temp, humid;

    BLEScanResults foundDevices = pBLEScan->start(3);  // スキャンを開始
    int count = foundDevices.getCount();  // スキャンで見つけたデバイス数を取得
    for (int i = 0; i < count; i++) {
        BLEAdvertisedDevice d = foundDevices.getDevice(i);
            // 見つけたデバイスの情報を取得
        if (d.haveManufacturerData()) {  // マニュファクチャラデータを持っていたら
            std::string data = d.getManufacturerData();
                // マニュファクチャラデータを取得
            int manu = data[1] << 8 | data[0];
            if (manu == MyManufacturerId && seq != data[2]) {
                found = true;
                seq = data[2];
                temp = (float)(data[4] << 8 | data[3]) / 100.0;
```

203

```
                humid = (float)(data[6] << 8 | data[5]) / 100.0;
                M5.Lcd.printf(">>> seq: %d, t: %.1f, h: %.1f\r\n",
                        seq, temp, humid);
            }
        }
    }
    if (found) {
        ambient.set(1, temp);
        ambient.set(2, humid);
        ambient.send();           // 温度、湿度の値をAmbientに送信する
    }
}
```

Arduinoの BLE機能はメモリサイズが大きく、Wi-Fi機能と一緒に使うと、ビルドした際に次のようなメッセージが出ます。これは、「スケッチが大きすぎる」というエラーです。

最大 **1310720** バイトのフラッシュメモリのうち、スケッチが **1537626** バイト（**117%**）を使っています。

Arduino IDE の「ツール」メニューの「Partition Scheme」を「初期値」から「No OTA (Large APP)」に変更すると、ビルドできるようになります。

図 6.23　Partition Schemeを変更する

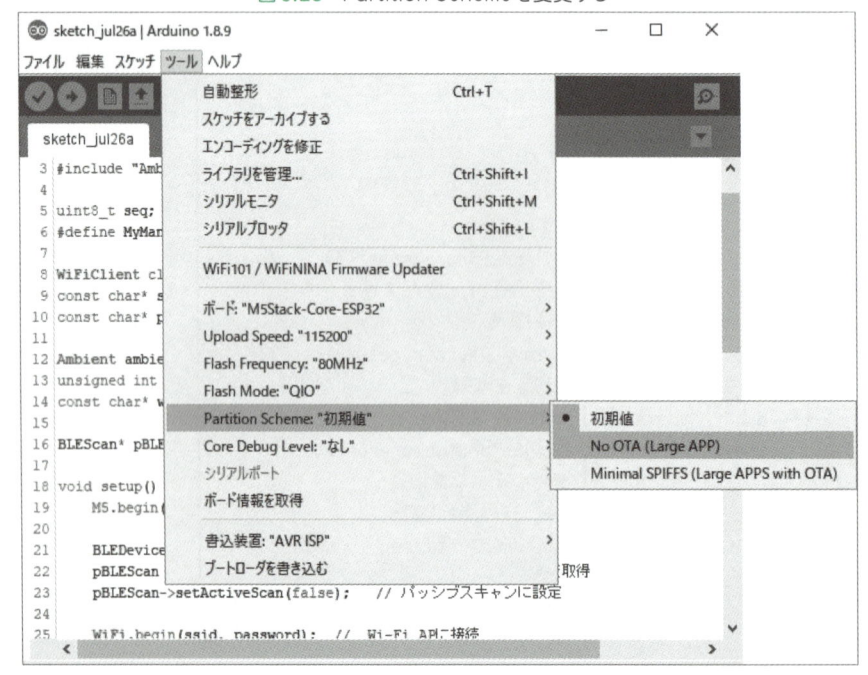

204

ビルドした際のメッセージでも、次のように大きなメモリエリア（約2Mバイト）が割り当てられていることを確認できます。

最大2097152バイトのフラッシュメモリのうち、スケッチが1537626バイト（73%）を使っています。

BLEとWi-Fiを一緒に使わないスケッチをビルドするときは、「Partition Scheme」を「初期値」に戻しておくとよいでしょう。

2台のM5Stackを使い、1台をセンサデバイスにして**スケッチ6.7**を動かし、もう1台をゲートウェイにして**スケッチ6.8**を動かします。センサデバイスで取得したセンサデータがBLEで送られ、ゲートウェイがそれを受信して、Wi-Fi経由でクラウドサービスAmbientに送り、Ambientでデータをグラフ化する様子を確認できます。

図6.24　BLEでデータを送信する

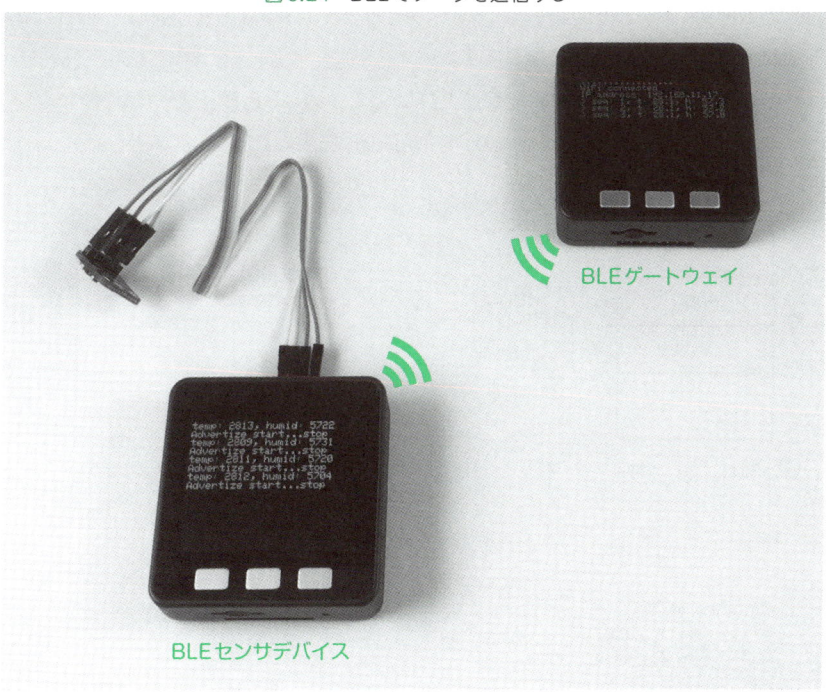

BLEゲートウェイ

BLEセンサデバイス

ESP32 Arduinoのメモリ領域の使い方

通常、Arduinoスケッチの実行形式ファイルは、パソコンからシリアル回線でアップロードします。この他に、OTA（Over the Air）といって、ネットワーク経由でアップロードする機能もあります。シリアル回線のアップロード機能（アップローダ）は単純で、サイズも小さいことからフラッシュメモリに書かれていますが、OTA機能はネットワーク機能を使うので、サイズが大きく、スケッチの中に組み込まれます。

OTAでスケッチをアップロードするときは、今実行中のスケッチが次にアップロードするスケッチをメモリに読み込みます。そのためOTA機能を使う場合、あらかじめメモリを半分だけしか使わず、残りの半分を次のスケッチを読み込む領域として空けてあります。つまり、メモリの半分しか使いません。これが初期状態の「Partition Scheme」です（**図6.25a**）。一方、「Partition Scheme」をNo OTAに設定すると、OTA機能をあきらめ、その代わりにメモリ全体をスケッチ用の領域として使うようになります（**図6.25b**）。Wi-FiとBLEの両方を使うような大きなプログラムは、No OTAに設定することでビルドできるようになります。

No OTAの設定のままだとOTA機能を使えないので、Wi-FiとBLEを一緒に使わないスケッチをビルドするときは、「Partition Scheme」を「初期値」に戻しておくとよいでしょう。

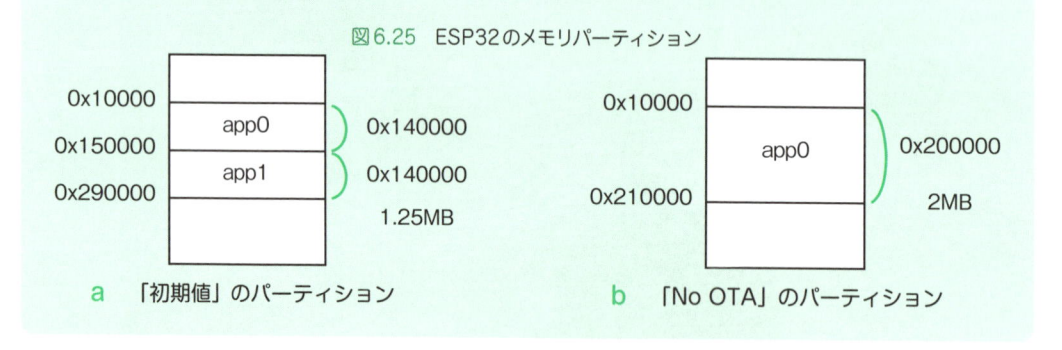

図6.25　ESP32のメモリパーティション

a　「初期値」のパーティション　　b　「No OTA」のパーティション

 **まとめ**

第6章では、M5StackのWi-FiとBluetoothという2つのネットワーク機能の使い方を解説しました。ネットワークサービスと組み合わせることで、M5Stackの使い方は驚くほど広がります。面白い、あるいは実用的なネットワークサービスを見つけて、M5Stackの新しい使い方にトライしてはいかがでしょうか。

第7章では、2019年に新しくM5Stackのラインナップに加わったM5StickCを紹介します。

M5Stackシリーズの
ニューフェイス
M5StickC

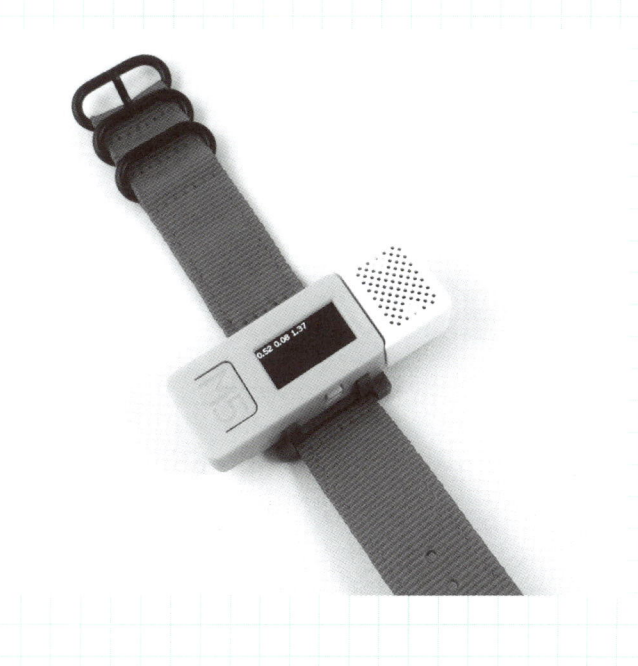

第1章から第6章では、M5Stackの概要からプログラム開発の方法、M5Stackを使った電子工作の基礎と応用、ネットワークの活用まで見てきました。

本章では、2019年に新しくM5Stackのラインナップに加わったM5StickCを紹介します。

M5StickCとは

図7.1　M5StackとM5StickC

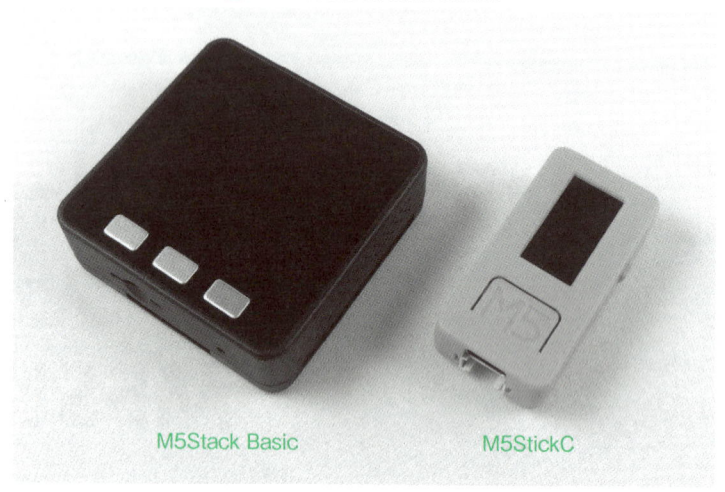

M5Stack Basic　　　　M5StickC

M5StickC（エムファイブスティック・シー）は、**図7.1**の右側のようなスティック状の小型デバイスで、4.8×2.4×1.4cmの小さなケースに入っています。原稿執筆時（2019年10月）の価格は1,980円です。マイコン（MPU）としては、M5Stackで使われているESP32と同じアーキテクチャであるESP32-picoが使われています。MPUの他に、80×160ピクセルのカラー液晶画面、ボタン3個、LED、赤外線送信機、マイク、6軸加速度・ジャイロセンサなどが搭載されています。

プログラムについてはM5Stackと同様に、Arduino（Arduino IDE）で開発するか、UIFlowという開発環境を利用してBlocklyまたはMicroPythonで開発します。

（1）基本スペック

M5StickCのスペックを、M5Stack Basicと比較しました。

表7.1 M5Stack BasicとM5StickCの主なスペック

	Basic	M5StickC
MPU	ESP32 240MHz デュアルコア、520KB SRAM	ESP32-pico 240MHz デュアルコア、520KB SRAM
通信	Wi-Fi、Bluetooth	
フラッシュメモリ	4MB	
PSRAM	なし	
LCD	320×240ピクセル、カラー TFT	80×160 ピクセル、カラー TFT
インタフェース	USB Type-C GROVE (I²C) microSD スロット I/O PORT、BUS PORT	USB Type-C GROVE (I²C) LED IR送信
IMU（慣性計測ユニット）	なし	SH200Q or MPU6886 6軸（加速度、ジャイロ）
バッテリー	150mAh	80mAh
ボタン	ボタン×3、リセット兼電源ボタン	ボタン×2、リセット兼電源ボタン
内蔵スピーカー	1W	なし
サイズ	54×54×12.5mm	48×24×14mm

　M5StickCとM5Stackを比較すると、本体のサイズの違いの他に、LCDも80×160ピクセルとサイズが小さくなっています。また、M5StickにあるmicroSDカードスロットがM5StickCにはありません。スピーカーも便利なのですが、M5StickCにはありません（拡張HATとして提供されています）。逆にM5StickCには、赤外線LEDと6軸の加速度・ジャイロセンサがついています。

　パソコンとの接続にはM5Stackと同じくType-C USBケーブルを使います。その他、I²CのGroveポートと、8ピンの拡張ソケットがついています。カラー液晶の下には大きめのボタンAが、右側面にはボタンBが、左側面には電源スイッチがついています。電源スイッチは6秒長押しすると電源がオフになり、2秒押すとオンになります。

図7.2 M5StickC

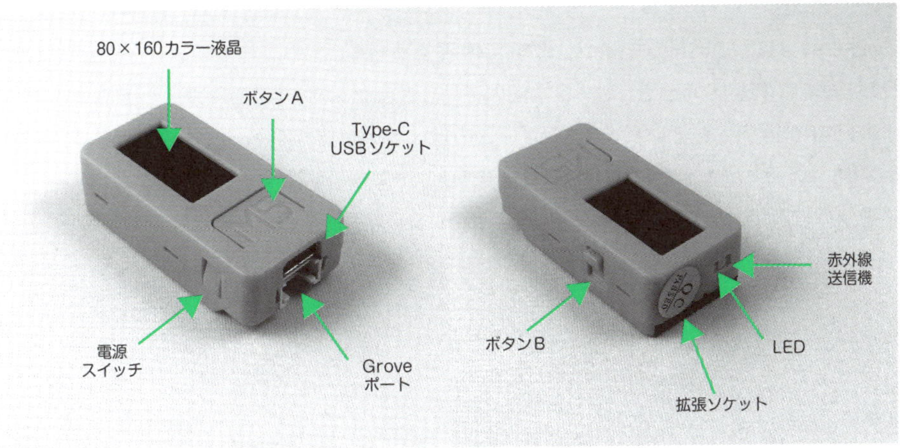

80×160カラー液晶 / ボタンA / Type-C USBソケット / 電源スイッチ / Groveポート / ボタンB / 拡張ソケット / LED / 赤外線送信機

図**7.3**は拡張ソケットです。グランドと5V、3.3Vが出力されていて、センサなどの電源として使えます。汎用入出力（GPIO）ピンとしてGPIO26、GPIO36、GPIO0も出ています。この拡張ソケットにはHATと呼ばれるユニットを接続することもできますし、センサなどを直接挿すこともできます。

図7.3　M5StickC 拡張ソケット

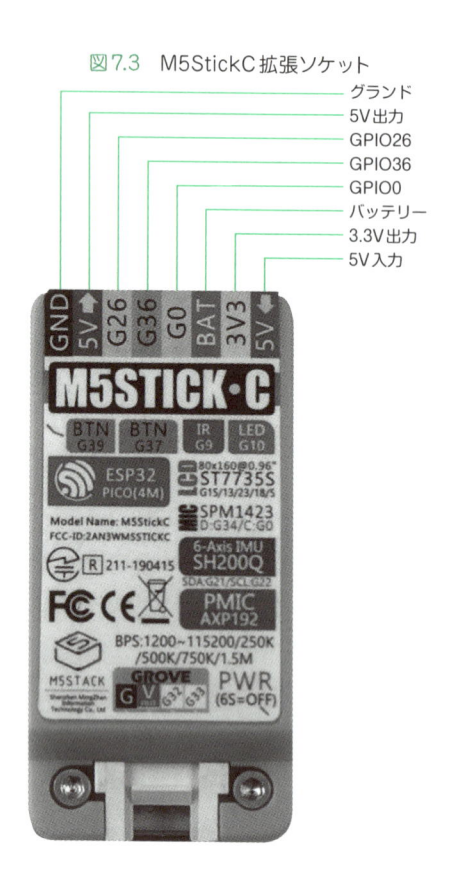

グランド
5V出力
GPIO26
GPIO36
GPIO0
バッテリー
3.3V出力
5V入力

(2) HAT

M5StickC向けに、8ピンの拡張ソケットに接続する**HAT**と呼ばれるユニットが提供されています。原稿執筆時点（2019年8月）で、日本国内では「環境センサ」「スピーカー」「PIRセンサ（人感センサ）」のHATが販売されています（**図7.4**）。この他に`https://m5stack.com`のサイトには「非接触温度センサ」「サーマルカメラ」「RS485」などのHATがあります。

HATを使うことで、とてもコンパクトなセンサデバイスなどを作れるようになります。

図7.4　HAT

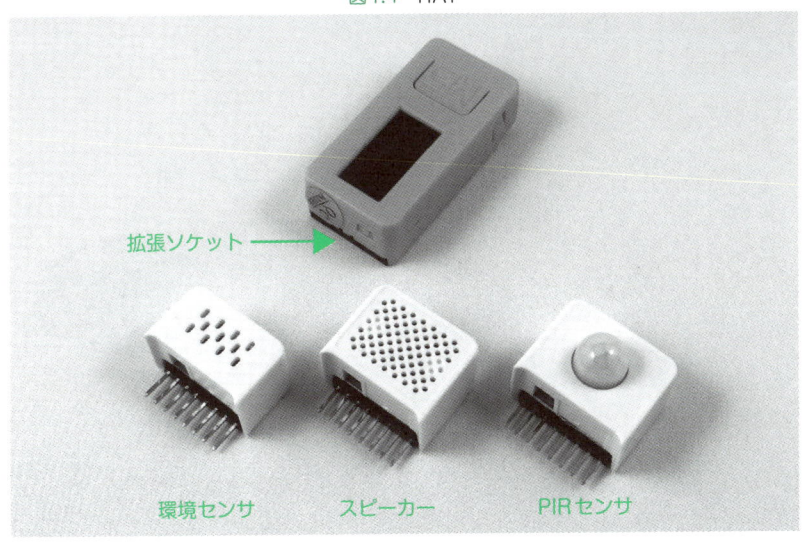

環境センサ　　　スピーカー　　　PIRセンサ

7.2 M5StickC を使う準備

（1）まずは開封の儀

M5StickC は、**図7.5**のようなパッケージに入って届けられます。

図7.5　パッケージに入った M5StickC

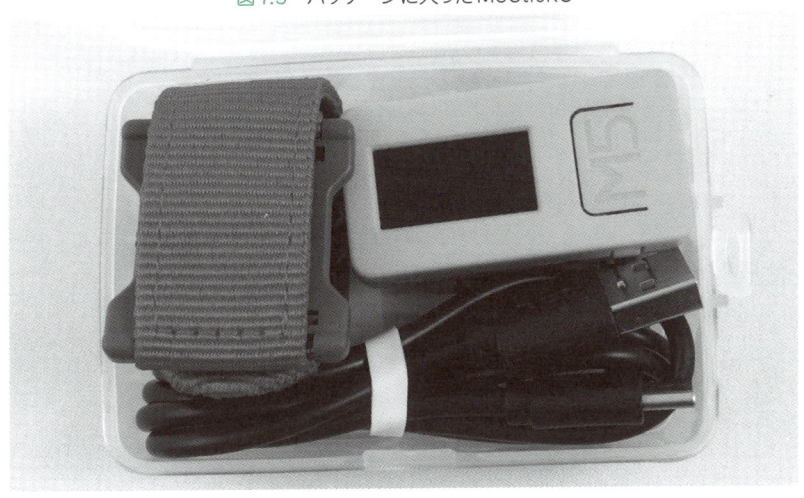

パッケージの中には次のものが入っています。

図7.6　パッケージの中身

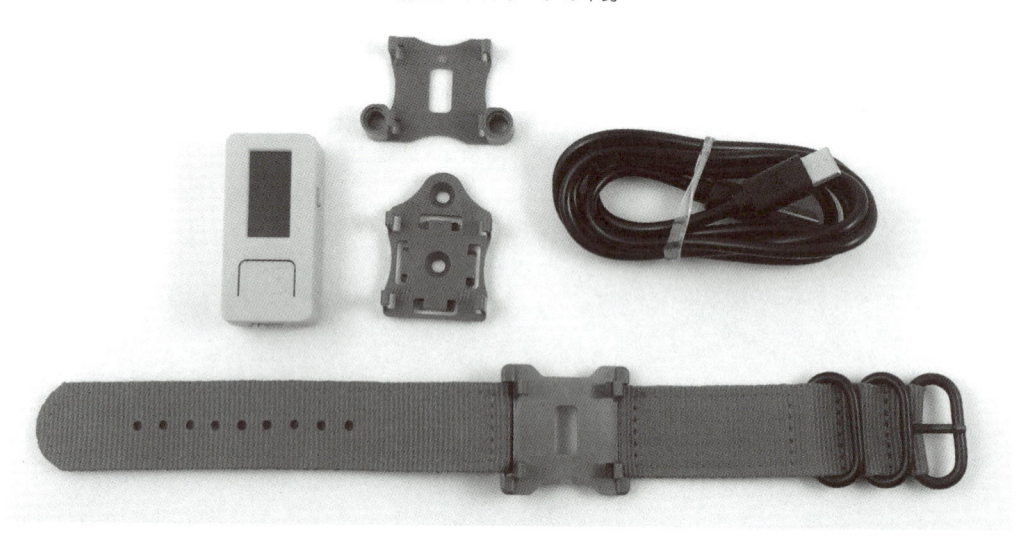

- M5StickC本体
- USB Type-Cケーブル
- 腕時計マウンタ
- LEGO互換マウンタ
- ネジ固定用マウンタ

（2）Arduino環境のセットアップ

　Arduino IDEの環境設定の流れはM5Stackと同じです。Arduino IDEの基本的な設定は第2章をご覧いただくとして、ここではM5StackとM5StickCとで違う点を解説します。

■ ボード情報

　Arduino IDEをインストールした後、ボード情報を設定します。M5StickCの場合、ボード情報として「M5Stick-C」を選択します。

図7.7　ボード情報の設定

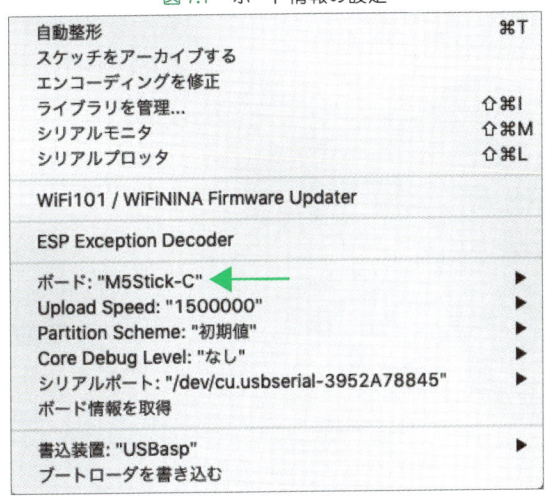

「M5Stick-C」は、ESP32のボード情報のバージョンが1.0.2以上でないと選択肢に現れません。ボード情報に「M5Stick-C」が現れないときは、ESP32のバージョンを1.0.2以上に更新する必要があります。これにはまず、Arduino IDEの「ツール」メニュー→「ボード」→「ボードマネージャ…」を選択してボードマネージャを立ち上げます。**図7.8**のように検索窓に「esp32」と入力して、「esp32 by Espressif Systems」を選び、1.0.2以上のバージョンのものをインストールします。

図7.8　ESP32ボード情報の更新

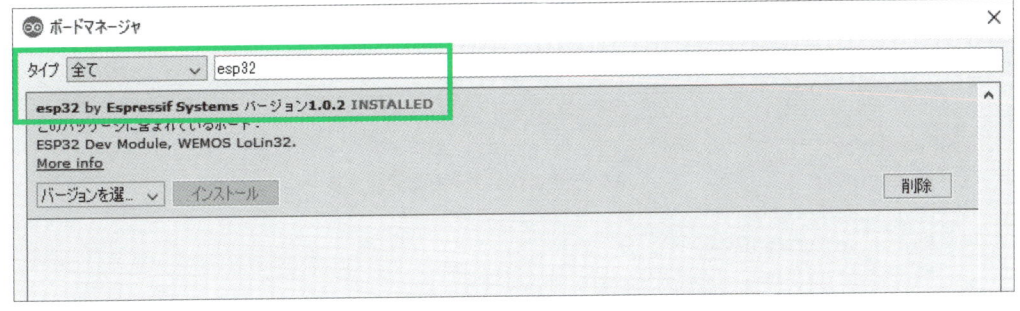

「M5Stick-C」では、ビルドしたスケッチを転送する速度が最高1.5Mbpsに高速化されています。ボード情報を「M5Stick-C」に設定すると、転送速度（Upload Speed）は1.5Mbpsに設定されます。

■ ライブラリのインストール

M5StickCでは、LCDなどにアクセスするシステム関数もライブラリとして提供されているので、これをインストールします。Arduino IDEの「ツール」メニューの「ライブラリを管理…」を選択してラ

イブラリマネージャを立ち上げ、検索窓に「m5stickc」と入力します。検索結果に現れる「M5StickC by M5StickC」の最新版をインストールします。

図7.9　M5StickCライブラリをインストールする

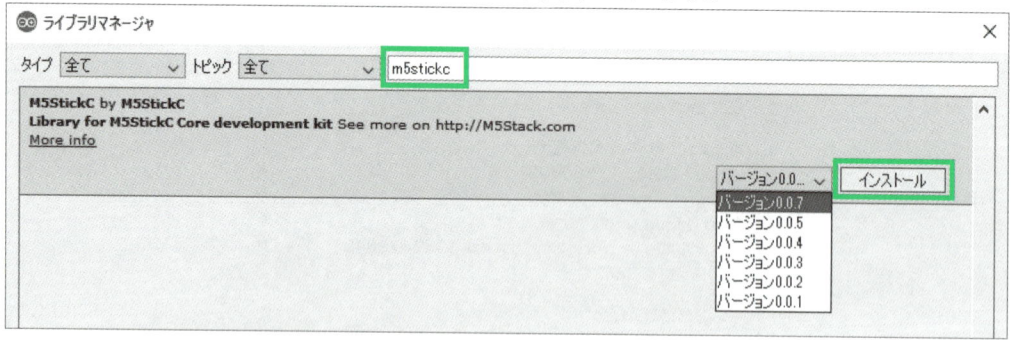

これでM5StickCを使う準備は完了です。

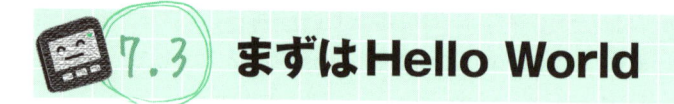 7.3　まずはHello World

Arduino IDEの準備ができたら、まずは次のスケッチを動かしてみましょう。

スケッチ7.1　HelloWorld.ino

```
#include <M5StickC.h>

void setup(){
    M5.begin();              // M5オブジェクトを初期化する
    M5.Lcd.setRotation(3);   // 左側を上にする
    M5.Lcd.setCursor(0, 0, 2);  // 表示位置とフォントを指定
    M5.Lcd.print("Hello World");
}


void loop() {
}
```

Arduino IDEのボード設定が「M5Stick-C」になっていることを確認してからスケッチをビルドし、ボードに書き込みます。

M5StickCのLCDに**図7.10**のように「Hello World」と表示される様子を確認できます。

図7.10 HelloWorld

では、スケッチを見ていきましょう。

M5Stackでは、スケッチの最初に**M5Stack.h**というヘッダファイルをインクルードしました。M5StickCでは、**M5StickC.h**というヘッダファイルをインクルードします。

M5.begin関数で**M5**オブジェクトを初期化する方法や、LCDを制御する方法はM5Stackのときと同じです。

M5.Lcd.setRotationは、画面を90°単位で回転させる関数です。引数に3を指定すると、M5StickCの左側が上になり、画面を横長に使えます。M5StickCはLCDサイズが80×160ピクセルと小さいので、表示する内容に合わせて、画面を有効に使うように工夫しましょう。

M5.Lcd.setCursorは、これまでの例でも使ってきたカーソル位置を指定する関数です。ドキュメントには書かれていませんが、第3引数でフォントを指定することが可能です。フォントは数字で指定し、1、2、4、6、7、8が使えます。それぞれのフォントは**図7.11**のようになります。フォント7番は7セグメントLED風のフォントで、数字とピリオド、コロンが表示できます。フォント2番がM5StickCに文字を表示するのに適したサイズなので、**スケッチ7.1**ではそれを指定しています。ちなみに、この**M5.Lcd.setCursor**の第3引数でのフォント指定は、M5StickC独自の機能ではなく、M5Stackでも同様に指定できます。

図7.11 setCursorによるフォントの指定

 **7.4 小型環境センサを作る**

M5StickCにセンサをつないで、小型の環境センサデバイスを作ってみましょう。

（1）Groveセンサを使って温度、湿度を測る

M5StickCにはGroveポートがあります。そこに温度、湿度、気圧を測定できる「**M5Stack用環境センサユニット**」（https://www.switch-science.com/catalog/5690/）をつなぎ、情報を取得してM5StickCのLCDに表示してみます。このユニットはM5Stack用という名前ですが、M5StickCでも使えます。

図7.12　Groveポートに環境センサをつなぐ

「M5Stack用環境センサユニット」にはDHT12という温湿度センサと、BMP280という気圧センサが搭載されています。BMP280にアクセスするライブラリがあるので、第4章の「Groveセンサで測る」を参考にして、BMP280用のライブラリをインストールしておきます。

スケッチは**スケッチ7.2**のようになります。

スケッチ7.2　ENV_Grove.ino

```
#include <M5StickC.h>
#include "DHT12.h"
#include <Wire.h>
#include "Adafruit_Sensor.h"
#include <Adafruit_BMP280.h>

DHT12 dht12;
Adafruit_BMP280 bme;

void setup() {
```

```
    M5.begin();
    M5.Lcd.setRotation(3);        // 左側を上にする
    M5.Lcd.fillScreen(BLACK);     // 背景を黒にする
    M5.Lcd.setCursor(0, 0, 2);
    M5.Lcd.println("ENV Grove TEST");

    Wire.begin();                 // I2Cを初期化する
    if (!bme.begin(0x76)){        // BMP280を初期化する
        M5.Lcd.println("Could not find a valid BMP280 sensor, check wiring!");
        while (1);
    }
}

void loop() {
    float tmp = dht12.readTemperature();       // DHT12から温度を取得
    float hum = dht12.readHumidity();          // DHT12から湿度を取得
    float pressure = bme.readPressure() / 100; // BMP280から気圧を取得
    double vbat = M5.Axp.GetVbatData() * 1.1 / 1000;  // バッテリー電圧を取得

    M5.Lcd.setCursor(0, 20);
    M5.Lcd.printf("Temp: %4.1f Humi: %4.1f", tmp, hum);
    M5.Lcd.setCursor(0, 40);
    M5.Lcd.printf("pressure: %4.0f", pressure);
    M5.Lcd.setCursor(0, 60);
    M5.Lcd.printf("vbat: %4.2f", vbat);
    delay(100);
}
```

setup関数でI²CとBMP280の初期設定をおこない、loop関数でDHT12とBMP280から温度、湿度、気圧データを読んで、LCDに表示しています。

M5StickCのGroveポートは、I²Cでデバイスと通信します。I²CのシリアルデータSDAとシリアルクロックSCLは、それぞれGPIO32とGPIO33です。M5StickC.hで標準のSDAピンとSCLピンに定義されているので、Wire.begin関数で引数を指定しなくても初期設定できます。

M5.Axp.GetVbatData関数はM5StickC用に用意された関数であり、バッテリー電圧を取得できます。

プログラムの作り方や用意されているシステム関数などは、ほとんどM5Stackと同じです。

Arduino IDEのボード設定を「M5Stick-C」にし、スケッチをビルドしてボードに書き込みます。すると図7.12のように、M5StickCのLCDに温度、湿度、気圧、バッテリー電圧が表示される様子を確認できます。

（2）ENV HATを使って温度、湿度を測る

次に、「**ENV HAT**」を使って、温度、湿度、気圧を測ってみます。

図7.13　ENV HATをつなぐ

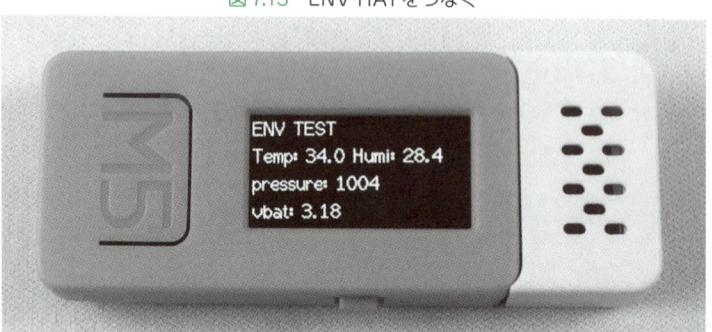

「ENV HAT」には、「M5Stack用環境センサユニット」と同じく、温湿度センサDHT12と気圧センサBMP280が搭載されています。さらに、BMM150という3軸磁気センサも搭載されています。

「ENV HAT」はI²CでM5StickCと通信します。シリアルデータSDAとシリアルクロックSCLは、それぞれGPIO0とGPIO26で、デフォルト値とは違います。そこで`Wire.begin`関数を使って`Wire.begin(0, 26);`とSDAとSCLのピン番号を指定し、初期設定します。

後はGroveポートにつながったセンサにアクセスするのと同じスケッチで、「ENV HAT」から温度、湿度、気圧を取得できます。

スケッチ7.3　ENV_HAT.ino

```
#include <M5StickC.h>
#include "DHT12.h"
#include <Wire.h>
#include "Adafruit_Sensor.h"
#include <Adafruit_BMP280.h>

DHT12 dht12;
Adafruit_BMP280 bme;

void setup() {
    M5.begin();
    M5.Lcd.setRotation(3);        // 左側を上にする
    M5.Lcd.fillScreen(BLACK);     // 背景を黒にする
    M5.Lcd.setCursor(0, 0, 2);
    M5.Lcd.println("ENV TEST");
```

```
        Wire.begin(0, 26);              // I2C を初期化する（ここだけがスケッチ7.2と違う）
        if (!bme.begin(0x76)){          // BMP280 を初期化する
            M5.Lcd.println("Could not find a valid BMP280 sensor, check wiring!");
            while (1);
        }
    }

    void loop() {
        float tmp = dht12.readTemperature();            // DHT12 から温度を取得
        float hum = dht12.readHumidity();               // DHT12 から湿度を取得
        float pressure = bme.readPressure() / 100;      // BMP280 から気圧を取得
        double vbat = M5.Axp.GetVbatData() * 1.1 / 1000;  // バッテリー電圧を取得

        M5.Lcd.setCursor(0, 20);
        M5.Lcd.printf("Temp: %4.1f Humi: %4.1f", tmp, hum);
        M5.Lcd.setCursor(0, 40);
        M5.Lcd.printf("pressure: %4.0f", pressure);
        M5.Lcd.setCursor(0, 60);
        M5.Lcd.printf("vbat: %4.2f", vbat);
        delay(100);
    }
```

スケッチ7.3 をビルドして動かし、データを見てみると、M5StickC の発熱の影響を受けて、測定温度が数度高くなるようです。具体的な方法については本書では扱いませんが、実際にセンサデバイスを作るときには、Deep sleep機能[1]を使って M5StickC を間欠動作させ、Deep sleep から復帰して M5StickC の温度が上昇する前に温度を測定するといった工夫が必要です。Deep sleep機能を利用して M5StickC を間欠動作させる例は「M5StickC で小型環境センサ端末を作る」（**https://ambidata.io/samples/m5stack/m5sitckc/**）などを参照してください。

(3) BLEでセンサデータを送信する

M5StickC に搭載されているマイコンは ESP32 なので、M5Stack と同じように Wi-Fi や Bluetooth で通信できます。そこで、第6章のBLEセンサシステムのセンサデバイスと同じものを M5StickC で作ってみます。

---

[1] 最近のマイコンはセンサ入出力や通信機能、メインの計算機能など、マイコン内部の機能ブロック単位で電源を止めて消費電力が下げられる設計になっているものが多い。Deep sleep 機能は、マイコンのほとんどの機能を停止して低消費電力で一定時間待つ機能。

7

M5Stack シリーズのニューフェイス M5StickC

図7.14 M5StickC BLEセンサシステム

　センサとしては「ENV HAT」を使うことにします。スケッチは第6章で開発したものとほとんど共通で、アドバタイズの流れも同じです。

　違うのは、第6章ではSi7021という温湿度センサを使っていたのに対し、本章ではENV HATに入っているDHT12という温湿度センサを使う点です。

　スケッチは**スケッチ7.4**のようになります。

スケッチ7.4　BLE_ENV.ino

```
#include <M5StickC.h>
#include "BLEDevice.h"
#include "DHT12.h"
#include <Wire.h>
#include "Adafruit_Sensor.h"
#include <Adafruit_BMP280.h>

DHT12 dht12;
Adafruit_BMP280 bme;

#define T_PERIOD      10  // Transmission period
#define S_PERIOD      10  // Silent period

BLEAdvertising *pAdvertising;
uint8_t seq = 0;  // シーケンス番号

void setAdvData(BLEAdvertising *pAdvertising) {
    uint16_t temp = (uint16_t)(dht12.readTemperature() * 100); // DHT12から温度を読む
    uint16_t humid = (uint16_t)(dht12.readHumidity() * 100);    // DHT12から湿度を読む
    M5.Lcd.printf("temp: %d, humid: %d\r\n", temp, humid);

    BLEAdvertisementData oAdvertisementData = BLEAdvertisementData();
    oAdvertisementData.setFlags(0x06); // BR_EDR_NOT_SUPPORTED | LE General ↓
```

Discoverable Mode

```
    std::string strServiceData = "";
    strServiceData += (char)0x08;      // 長さ
    strServiceData += (char)0xff;      // AD Type 0xFF: Manufacturer specific data
    strServiceData += (char)0xff;      // Test manufacture ID low byte
    strServiceData += (char)0xff;      // Test manufacture ID high byte
    strServiceData += (char)seq;                    // シーケンス番号
    strServiceData += (char)(temp & 0xff);          // 温度の下位バイト
    strServiceData += (char)((temp >> 8) & 0xff);   // 温度の上位バイト
    strServiceData += (char)(humid & 0xff);         // 湿度の下位バイト
    strServiceData += (char)((humid >> 8) & 0xff);  // 湿度の上位バイト

    oAdvertisementData.addData(strServiceData);
    pAdvertising->setAdvertisementData(oAdvertisementData);
}

void setup() {
    M5.begin();
    M5.Lcd.setRotation(3);          // 左側を上にする

    Wire.begin(0, 26);              // I2Cを初期化する
    if (!bme.begin(0x76)){          // BMP280を初期化する
        M5.Lcd.println("Could not find a valid BMP280 sensor, check wiring!");
        while (1);
    }
    BLEDevice::init("M5StickC Env");        // デバイスを初期設定
    BLEServer *pServer = BLEDevice::createServer();     // サーバを生成
    pAdvertising = pServer->getAdvertising(); // アドバタイズオブジェクトを取得
}

void loop() {
    M5.Lcd.fillScreen(BLACK);    // 背景を黒にする
    M5.Lcd.setCursor(0, 0, 2);
    setAdvData(pAdvertising);                   // アドバタイジング・データをセット

    pAdvertising->start();                      // アドバタイズ開始
    M5.Lcd.print("Advertizing started...");
    delay(T_PERIOD * 1000);                     // T_PERIOD秒アドバタイズする
    pAdvertising->stop();                       // アドバタイズ停止
    M5.Lcd.println("stopped.");
    delay(S_PERIOD * 1000);                     // S_PERIOD秒休む

    seq++;                                      // シーケンス番号を更新
}
```

アドバタイジング・データも第6章のものと同じになるので、ゲートウェイについても第6章と同じものが使えます。

スケッチ7.4をM5StickCで動かし、M5Stackで第6章のゲートウェイ（**スケッチ6.8**）を動かすと、M5StickCが小型なBLE環境センサデバイスになります。M5StickCにつないだ「ENV HAT」で測定した温度、湿度をBLEで送信し、そのデータをゲートウェイがBLEで受信して、Wi-Fi経由でクラウドサービスに送信します。

図7.15 M5StickC BLEセンサでデータを送る

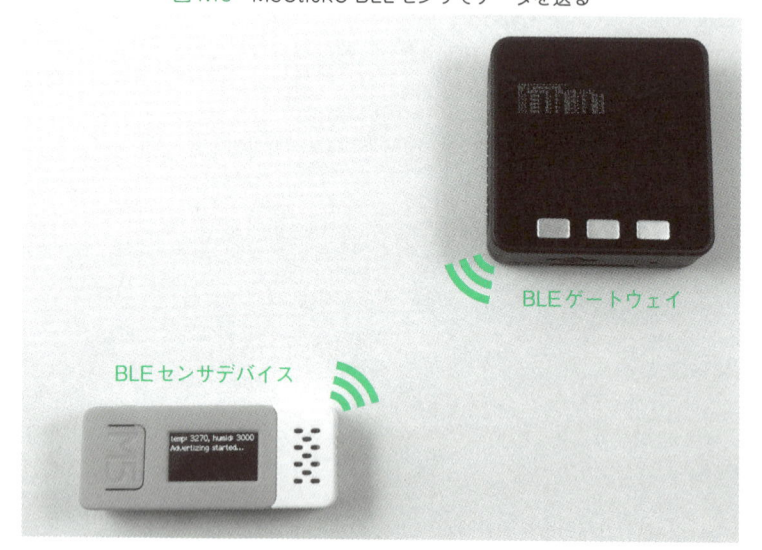

 ## 7.5 傾きを音で知らせるデバイス

M5StickCに「スピーカー HAT」を接続して、傾きを音で知らせるデバイスを作ってみます。M5StickCがほぼ水平なときは1秒間隔で「ピーッ、ピーッ」と鳴り、傾くと「ピ、ピ、ピ、ピ」と頻繁に鳴るようにします。

このM5StickCを付属の腕時計マウンタにつければ、腕を水平に保たないと「ピ、ピ、ピ、ピ」と鳴るので、トレーニングか罰ゲームに使えそうなデバイスになるかもしれません。

図7.16　傾きを音で知らせる

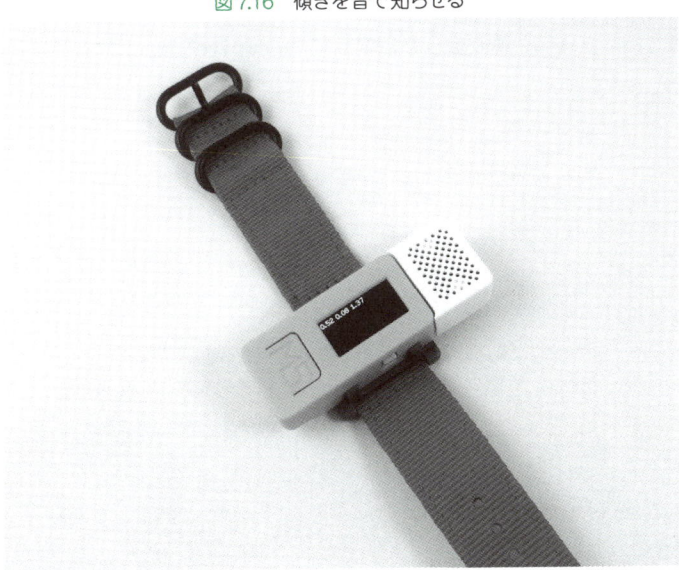

　M5StickCには、SH200Qという6軸加速度・ジャイロセンサが搭載されています。SH200Qから加速度データを取得する方法を**スケッチ7.5**に示します。**M5.IMU.Init**関数でSH200Qの初期設定をおこない、**M5.IMU.getAccelAdc**関数でx、y、z軸方向の加速度の生データを取得します。生データに加速度のスケール**M5.IMU.aRes**を掛ければ加速度データが得られます。

スケッチ7.5　SH200Qから加速度データを取得する

```
void setup() {
    M5.IMU.Init();  // SH200Q を初期設定
}

void loop() {
    int16_t acc[3];  // x、y、z軸の加速度生データを入れる配列

    M5.IMU.getAccelAdc(&acc[0], &acc[1], &acc[2]);  // 加速度の生データを取得
    float x = acc[0] * M5.IMU.aRes;  // 加速度データを計算
}
```

　「スピーカー HAT」はスピーカーがM5StickCのGPIO26につながっており、GPIO26に第5章で解説したPWM信号を加えると、スピーカーから音が出ます。スピーカー HATから音を出す方法を**スケッチ7.6**に示します。ledcSetup関数でPWMチャネルを初期設定し、**ledcAttachPin**関数でPWMチャネルにピンを割り当てます。**ledcWriteTone**関数を使うと、第2引数で指定した周波数の

PWM信号が出力されます。長さは指定できないので、一定時間の音を出す場合は、delay関数などを使って一定時間音を出した後に、周波数0を指定してledcWriteTone関数を呼び、音を止めるようにします。音量は指定できません。

スケッチ7.6　スピーカー HAT から音を出す

```
const int speaker_pin = 26;
int ledChannel = 0;

void setup() {
    ledcSetup(ledChannel, 50, 10);   // PWMチャネルを初期設定する
    ledcAttachPin(speaker_pin, ledChannel);   // PWMチャネルにピンを割り当てる
}

void loop() {
    ledcWriteTone(ledChannel, 1250);   // 指定した周波数のPWM信号を出す
    delay(50);                         // 50ミリ秒音を出す
    ledcWriteTone(ledChannel, 0);      // 音を止める
}
```

スケッチ全体は**スケッチ7.7**のようになります。

スケッチ7.7　accel_beep.ino

```
#include <M5StickC.h>

int16_t offset[3];

const int speaker_pin = 26;
int ledChannel = 0;

// timeoutミリ秒間、加速度生データを取得し、オフセット値を計算
void calibrate(uint32_t timeout) {
    int16_t minX, maxX, minY, maxY, minZ, maxZ, X, Y, Z;
    M5.IMU.getAccelAdc(&minX, &minY, &minZ);
    maxX = minX; maxY = minY; maxZ = minZ;
    uint32_t start = millis();
    while ((millis() - start) < timeout) {
        M5.IMU.getAccelAdc(&X, &Y, &Z);
        maxX = max(maxX, X); minX = min(minX, X);
        maxY = max(maxY, Y); minY = min(minY, Y);
        maxZ = max(maxZ, Z); minZ = min(minZ, Z);
        delay(10);
    }
```

```
        offset[0] = minX + (maxX - minX) / 2;
        offset[1] = minY + (maxY - minY) / 2;
        offset[2] = minZ + (maxZ - minZ) / 2;
    }

    void setup() {
        M5.begin();
        M5.Lcd.setRotation(3);
        M5.Lcd.setCursor(0, 0, 2);
        M5.IMU.Init();
        delay(200);
        calibrate(200);

        ledcSetup(ledChannel, 50, 10);   // PWMチャネルを初期設定する
        ledcAttachPin(speaker_pin, ledChannel);   // PWMチャネルにピンを割り当てる
    }

    void loop() {
        int16_t acc[3];   // x、y、z軸の加速度生データを入れる配列

        M5.IMU.getAccelAdc(&acc[0], &acc[1], &acc[2]);
        M5.Lcd.fillRect(0, 0, 160, 14, BLACK);
        M5.Lcd.setCursor(0, 0);
        float x = (acc[0] - offset[0]) * M5.IMU.aRes;
        float y = (acc[1] - offset[1]) * M5.IMU.aRes;
        float z = (acc[2] - offset[2]) * M5.IMU.aRes + 1;   // z軸には加速度が加わっているので、+1する
        M5.Lcd.printf("%.2f %.2f %.2f", x, y, z);
        float diff = sqrt(x * x + y * y);

        ledcWriteTone(ledChannel, 1250);   // 指定した周波数のPWM信号を出す
        delay(50);
        ledcWriteTone(ledChannel, 0);
        int t = ((float)map(constrain(diff * 100, 0, 100), 0, 100, 100, 0) / 100.0) * 1000;
        delay(t);
    }
```

calibrate関数は、引数で指定した時間（ミリ秒）、繰り返し加速度センサからデータを取得し、x、y、z軸それぞれの最小値と最大値の中間値を求め、その値をオフセット値として保存します。最初にM5StickCを水平に置いてスケッチをスタートさせ、そのときのx、y、z軸の加速度データをオフセット値として保存しておきます。

loop関数では、加速度センサから値を取得し、オフセット値を引いてx、y、z軸の加速度値を求めます。

225

M5StickC が水平に置かれていると、x軸、y軸の加速度値はほぼ0になり、垂直になると1近くの値になります。水平からのズレを $sqrt(x^2 + y^2)$ で計算し、それを元に delay の値を計算することで、水平ならゆっくりと、水平からずれると頻繁に音が鳴るようにしています。

M5StickC の IMU（慣性計測ユニット）

M5StickCのIMU（慣性計測ユニット）チップも、M5Stack Gray や Fire と同じように、出荷時期によって種類が違います。2019年8月以前はSH200Qというチップが使われており、それ以降はMPU6886というチップに変わりました。

M5StickC裏面のラベルに、搭載されているチップの情報などが印刷されていますが、その中にIMUチップについても書かれていて、初期の製品はSH200Q、2019年8月以降のものはMPU6886となっています。

図7.17　M5StickC 裏面のラベル

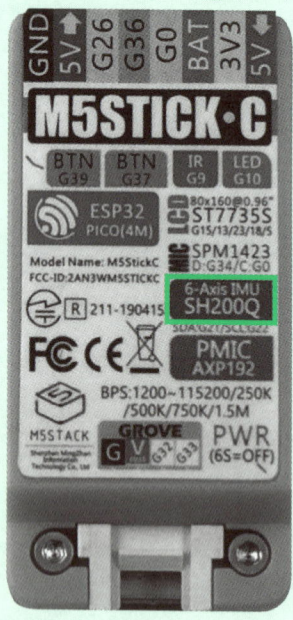

2019年8月以前

2019年8月以降

本書は、従来のIMUチップであるSH200Qをベースに解説しています。新しいIMUチップであるMPU6886に対応したスケッチや解説については、今後フォローサイトに掲載していきます。

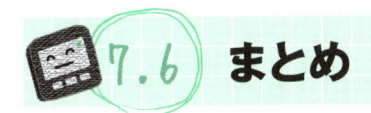

まとめ

　本章では新しくM5Stackシリーズに加わったM5StickCを紹介しました。M5StickCは、センサHATと組み合わせると、とても小型なセンサデバイスになります。また、Wi-FiやBluetooth通信を使って、データを他のデバイスやクラウドサービスに送ることもできます。M5Stackよりもさらに小型なデバイスが登場したことで、M5Stackシリーズの応用範囲も広がりそうです。

あとがき

M5Stackという、小さな、でもパワフルなデバイスを使って、電子工作のためのプログラム作りの基礎からセンサの使い方、モノの制御の方法、ネットワーク通信の方法を、実際にプログラムを作りながら本書では見てきました。

ステップ・バイ・ステップで動作を確認しながら開発を進めることで、最初は少し複雑に見えたハードウェアやプログラムも、理解し、動かすことができたと思います。

遊びの道具であれ、生活を楽しく便利にするグッズであれ、新しいビジネスの価値を創り出すものであれ、「アイデアを素早く形にして」、プロトタイプを実際に使いながら完成度を上げていくのが、新しいものを創り出すうまい方法です。

M5Stackシリーズは、「アイデアを速く形にする」ための強力なツールです。M5Stackを使って、頭に思い描いた素晴らしいアイデアを、形あるものに育ててください。

本書でそのお手伝いができたら、何よりの幸せです。

下島 健彦

M5Stack に関する参考サイト

　インターネット上には、M5StackやESP32、Arduinoなどの情報がたくさんあります。その中でも、情報が充実しているお薦めのサイトをここで紹介します。

■ Arduino、ESP32、M5Stack 関連

- **M5Stack ユーザーグループ**（`https://www.facebook.com/groups/154504605228235/`）
  Facebookにある、日本のM5Stackユーザーグループのページです。大勢のユーザーやM5Stack.com CEOのJimmyさんなどが、M5Stackを使った作品や新製品の紹介、情報交換をしています。
- **ESP8266/ESP32環境向上委員会**（`https://www.facebook.com/groups/927623023964478/`）
  Facebookにある、ESP8266/ESP32の情報交換のグループページです。
- **Ambient**（`https://ambidata.io/`）
  著者が運営するIoTデータ可視化サービス「Ambient」のサイトです。M5Stackを使った事例も豊富に掲載しています。

■ ハードウェア関連

- **スイッチサイエンス**（`https://www.switch-science.com/`）
  電子部品の通販サイトです。電子部品のスペックや使い方などの情報も充実しています。
- **秋月電子通商**（`http://akizukidenshi.com/`）
  電子部品の通販サイトです。こちらのサイトもとても充実しています。

■ ソフトウェア関連

- **Qiita**（`https://qiita.com/`）
  ソフトウェアを中心としたQ&Aサイトです。Arduino、ESP32関連の情報も豊富です。
- **Stack Overflow**（`https://stackoverflow.com/`）
  英語ですがソフトウェアを中心としたQ&Aサイトです。

本書に出てくる関数一覧

索 引

■ 執筆者紹介

下島 健彦（しもじま　たけひこ）

NECで組込みシステム向けリアルタイムOSの開発、米スタンフォード大学コンピュータサイエンス学科への留学を経て、インターネットプロバイダ事業BIGLOBEの立ち上げからメディア事業を担当。2015年ごろから個人でIoTデーター可視化サービス「Ambient（https://ambidata.io）」を開発、運営。現在は、アンビエントデーター株式会社代表取締役。日本のM5Stackユーザーグループ主催。趣味はお茶とツール・ド・フランスのTV観戦。

Twitter @t_shimojima
Instagram t_shimojima

■ 日本M5Stackユーザーグループについて

M5Stack、M5StickCなどをお持ちの方、持っていないけれど興味のある方が集まり、Facebookグループ（https://www.facebook.com/groups/154504605228235/）と、年に数回のユーザーミーティングで情報交換などをおこなっています。

みんなのM5Stack入門

（エムファイブスタック）

© 下島 健彦　2019

2019年11月15日	第1版第1刷　発行	
2020年 8月25日	第1版第2刷　発行	
2021年 3月 3日	第1版第3刷　発行	
2022年 3月11日	第1版第4刷　発行	

著　　者	下島 健彦
発 行 人	新関 卓哉
企画担当	蒲生 達佳
発 行 所	株式会社リックテレコム
	〒113-0034 東京都文京区湯島 3-7-7
振替	00160-0-133646
電話	03（3834）8380（代表）
URL	https://www.ric.co.jp/

本書の全部または一部について、無断で複写・複製・転載・電子ファイル化等を行うことは著作権法の定める例外を除き禁じられています。

装丁・編集・制作	株式会社トップスタジオ
本文イラスト	野口まゆみ
印刷・製本	シナノ印刷株式会社

● 訂正等

本書の記載内容には万全を期しておりますが、万一誤りや情報内容の変更が生じた場合には、当社ホームページの正誤表サイトに掲載しますので、下記よりご確認ください。

＊ 正誤表サイトURL

https://www.ric.co.jp/book/errata-list/1

● 本書の内容に関するお問い合わせ

FAXまたは下記のWebサイトにて受け付けます。 回答に万全を期すため、 電話でのご質問にはお答えできませんのでご了承ください。

・FAX：03-3834-8043

・読者お問い合わせサイト：https://www.ric.co.jp/book/のページから 「書籍内容についてのお問い合わせ」 をクリックしてください。

製本には細心の注意を払っておりますが、万一、乱丁・落丁（ページの乱れや抜け）がございましたら、当該書籍をお送りください。送料当社負担にてお取り替え致します。

ISBN978-4-86594-209-5

Printed in Japan